U0614308

情绪的解药
松弛感

风丽 —— 编著

YNK 云南科技出版社
·昆明·

图书在版编目（CIP）数据

情绪的解药：松弛感 / 风丽编著. -- 昆明：云南
科技出版社, 2025. -- ISBN 978-7-5587-6291-8

Ⅰ. B821-49

中国国家版本馆CIP数据核字·第2025FM4100号

情绪的解药：松弛感
QINGXU DE JIEYAO: SONGCHIGAN

风　丽　编著

责任编辑：黄文元
特约编辑：陈赫蓉
封面设计：李东杰
责任校对：孙玮贤
责任印制：蒋丽芬

书　　号：ISBN 978-7-5587-6291-8
印　　刷：三河市南阳印刷有限公司
开　　本：710mm×1000mm　1/16
印　　张：11
字　　数：78千字
版　　次：2025年5月第1版
印　　次：2025年5月第1次印刷
定　　价：59.00元

出版发行：云南科技出版社
地　　址：昆明市环城西路609号
电　　话：0871-64192481

在现代社会，情绪波动似乎成了我们生活中的一种常见现象。快节奏的生活、无处不在的竞争、随时连接的数字世界，让我们时常感到压力山大。无论是工作压力、生活琐事，还是人际关系中的复杂性，都在无形中消耗着我们的精力和情感。许多人表面上看似"从容不迫"，但内心却被焦虑和紧张裹挟，时刻挣扎在情绪的波动之中。

很多时候，情绪问题往往不会突然爆发，更多的是在日常的积累中逐渐加剧。一些看似无关紧要的烦恼和压力，在一点一点堆积后，会让人感到无力和疲惫。生活中的一件小事、一场争执，或者几句不经意的批评，都可能成为导致情绪崩溃的最后一根稻草。这些负面情绪不仅影响我们的心理健康，也在逐渐侵蚀我们的身体，让我们感到疲惫和倦怠，渐渐失去了对生活的热情。

为了摆脱紧张、焦虑等负面情绪，很多人会选择各种方式去缓解：健身、旅行等，甚至通过一时的物质享受来让自己脱离焦虑的状态。然而，很多时候，这些方式只是暂时的"解药"，治标不治本。在一时的放松过后，我们会发现，负面情绪依旧如潮水般涌来，内心的紧绷感和焦虑依然如影随形。

在这样的背景下，松弛感正成为当下备受推崇的情绪化解利器。它并不是简单的身体放松，而是一种深层次的情绪调节能力，一种能够帮助我们在纷繁复杂的生活中找到平衡、保持内心宁静的力量。松弛感不仅是应对负面情绪的方法，它更是一种态度，一种能让我们在压力面前依然自如的状态。

本书旨在为读者提供一种全新的视角和方法——通过心理学、社会学中的多种效应来理解和调整自己的情绪状态，从而找到真正的松弛感。书中的每一个章节、每一个概念，都是基于科学的情绪调节理论，结合日常生活中的典型情境，以此帮助读者学会如何在各种压力下，保持内心的平静与平衡。

全书共分为七章，内容涵盖了情绪调节、自我认知、人际交往、挫折应对等多个层面。每一章都从不同的角度切入，带领读者一步步深入探索内心的情绪来源，学会通过调整心态和行为来获得松弛感，并以此去应对情绪的波动。书中的每个章节不仅仅是对社会学、心理学中各种效应的科普，更是通过充满生活气息的案例，帮助读者将这些抽象的概念转化为切实可行的应对方法。每个效应都通过真实的生活场景解读，让读者能迅速理解其中的道理，并在实际生活中运用。

松弛感并不是一种逃避生活的方式，也不是一味追求轻松和无压力，而是帮助我们在压力与放松、紧张与松弛之间找到最合适的平衡点。它帮助我们在面对困难时，不是逃避，而是以更健康、更有韧性的心态去应对。

通过本书的引导，相信每一位读者都能学会调节情绪、找到内心的平静，并在人生的各种挑战中游刃有余。愿你在这本书的陪伴下，逐步掌握松弛的能力，不再被情绪困扰，最终收获更加从容自在的人生。

CONTENTS **目 录**

第三章　用松弛感拯救你的不开心

第四章　认清自己，才能活得松弛自在

第五章　让别人舒心，也别委屈了自己

第六章　与困难和解，自洽之中的松弛感

第七章　放松下来，找到与你同频的人

第一章
松弛感，就是过不紧绷的人生

☺ 第一节　用松弛感，让自己二次成长

面对"压力山大"的生活，每个人都想获得"松弛感"，希望能摆脱焦虑、远离内卷，让生活不那么紧绷。可是，真正能够做到的人却寥寥无几。很多人嘴上说着要放松、要自在，但面对现实中的种种问题时，却依然被焦虑和紧张所裹挟。

小丽在公司里是典型的"优秀员工"，总是对自己要求很高，甚至有些苛刻。她不仅要在工作中做到尽善尽美，就连生活中的小事都不允许自己出差错。每次做项目时，她都会反复修改，生怕被别人挑出任何瑕疵。即便是简单的邮件，她也要字斟句酌，生怕遗漏任何细节。不过，这样的"努力"并没有带给她期待的成功，反而让她常常感到疲惫和焦虑。

这种事事追求完美的性格，其实源于她小时候的经历。小丽从小就生活在一个压抑的环境里。父母对她的要求极高，经常拿她与成绩优异的表姐或者活泼开朗的邻居家孩子作比较。"人家考了第一名，你怎么就不行？""你要努力争取成为最好的，不然以后怎么有出息？"在这样的话语"熏陶"下，小丽从小就认为，只有做到最好才能被认可，否则就会被父母和周围的人看不起。

长大后，这种追求完美的习惯延续到了她的职场生活中。她总觉得，只有把所有事都做到无懈可击，才能证明自己的价值。可这种苛求完美的状态，让她内心时刻紧绷，压力无处释放。每当事情没有达到她预期的标准时，她就会陷入深深的自责和沮丧之中，甚至觉得自己一无是处。

小丽习惯了用努力去换取别人的认可，害怕一旦松懈，就会被否定。其实，很多时候，我们并不需要像绷紧的弦一样，随时处在高压状态，而是应该在张弛之间，找到自己的节奏。适度"松弛"一些，这样反而更容易实现目标。

松弛感，没你想得那么复杂

在生活中，很多人对"松弛感"的含义存在误解，将其简单等同于无所事事、懒散度日。但实际上，松弛感不是逃避责任，不是破罐子破摔，而是一种心态上的平衡，是在面对生活中的挑战时，能够保持内心的稳定和从容。它不是"放纵自己"，而是"给自己一个喘息的空间"。

松弛感更像是我们与自己内心达成的一种和解：不再被"完美无缺""必须成功""不能失败"这样的焦虑驱动，而是能够以一种平和的心态去面对生活的各种境遇。真正的松弛感，是在全力以赴之后，仍然能够接受一切结果的坦然心境。

这种状态，并不是让人放弃追求和努力，而是说，生活不一定要时时刻刻都紧绷着弦。适当地放松，可以让我们看到更多的可能性，甚至能激发更多可能。它没有我们想象得那么复杂，只要学会在该努力时努力、该放松时放松，我们就能在松弛感中找到生活的节奏。

对于小丽来说，她除了要让自己"松弛"下来，还需要用这种松弛感，去和自己心中的"内在小孩"聊一聊。

用松弛感，疗愈"内在小孩"

1940 年，瑞士心理学家卡尔·荣格在《儿童原型心理学》一书中提出"内在小孩"概念。而后在 1963 年，另一位学者米西迪在《探索你内心的往日幼童》一书中，正式使用"内在小孩"这一词汇，并详细探讨了它的具体内涵及治疗方法。这之后，许多学者和心理医生从不同角度，对"内在小孩"理论进行过丰富与拓展。

作为心理学中的一个重要概念，"内在小孩"指的是人们内心深处那个仍然存留着童年记忆和情感的部分。成年之后，虽然身体早已长大成人，但因为童年时期的一些需求未被满足，或受到过伤害，很多人内心中仍然有一个脆弱、受伤的"小孩"。这种状态影响着人们的情绪和行为，让人们在成年后的生活中依然带着童年的创伤感受和心理模式。

每个人都拥有自己的"内在小孩"，它一直与我们共存，只是很多时候，我们并没有意识到它的存在，甚至因为害怕面对而选择忽视它。忽视"内在小孩"的存在，可能会导致我们在生活中出现各种问题：情绪波动、亲密关系中的冲突、职场中的自我否定，甚至是身心健康的困扰。这些都是"内在小孩"向我们发出的求救信号。如果我们继续忽视，它可能会由一个默默等待关注的"小孩"，变成一只愤怒的"野兽"，不断冲击我们的内心世界。

要疗愈"内在小孩"，我们首先要学会放慢脚步，留出时间和空间，与"内在小孩"对话。问问自己："我现在真正需要的是什么？""我为什么会感到焦虑、恐惧？"这些问题有助于我们了解"内在小孩"的情感需求。

接下来，我们要允许自己在情绪低落时，暂时抽离繁忙的生活，去做一些能够让自己放松的事情。在自己松弛下来后，原本积压的情绪便会得到释放，那些因为童年创伤而引发的情感困境也会逐渐好转。

最后，告诉自己："我已经很努力了，我值得被爱和接纳。"学会用松弛感去拥抱自己内心的脆弱，接纳那个受伤的"小孩"，你会发现，内心的创伤在逐渐愈合，曾经紧绷的自己也会变得更加从容。

松弛感是一种自我疗愈的力量，当你学会用它来面对内心的创伤时，你就能逐渐打破过去的枷锁，重新与"内在的小孩"和解，实现真正的二次成长。

☺ 第二节　不求最好，但求最合适

很多人之所以无法获得松弛感，是因为他们凡事都要追求"最好的"——最好的工作、最好的生活状态、最完美的表现。无论是生活中的大事小情，还是工作中的每个任务，他们都希望自己能够做到无可挑剔。这种"完美主义"让他们永远处于一种紧绷的状态中，担心稍有不慎就会错失"最佳选择"。

小张今年 27 岁，研究生毕业后一直在找工作。他很清楚自己的学历和能力，因此希望能找到一个薪水高、发展前景好的工作。于是，他从毕业后便开始频繁面试，但每次都在挑选中犹豫不决。

一开始，他面试了一家大型互联网公司，觉得薪资和福利都不错，但担心工作压力太大，怕自己适应不了，于是没有接受录用。接着，他又面试了一家外企，感觉工作环境很好，但对职业发展不太满意，最后也没有入职。后来，他收到了一家知名企业的 offer，但又觉得公司位置太远，通勤时间长，于是再次拒绝了。

就这样，半年的时间过去了，小张反复权衡、挑挑拣拣，依然没有找到合适的工作。看着身边的同学一个个顺利入职，纷纷开始了职业生涯，他的焦虑感和自我怀疑情绪也逐渐加剧。

他开始懊悔当初没有接受某个 offer，又担心自己接下来的选择是否会更好。反复的犹豫让他对找工作这件事产生了恐惧，甚至连简历都不愿意再投。

很多人在生活中都有类似的困扰，总想着要找到"最好的"选择，却忽略了"最合适"的价值。于是，在追求最好的过程中，不断感到焦虑和失望，进而慢慢失去了对生活的掌控。这种状态不仅会让人疲惫不堪，还很容易引起各种心理问题。

没有松弛感，你永远都不会满足

当我们总是追求"最好"的时候，其实是在给自己设定一个无法实现的目标。因为"最好的"并没有一个明确的标准，每个人对"最好"的定义也各不相同。而且，即使我们达到了某个目标，也很难觉得满足，因为总会有更高的期望等待我们去实现。这样一来，追求的过程就像是在爬一座没有尽头的山，根本无法到达终点。

没有松弛感的人，常常会陷入这样一种状态：他们对当下的一切都不满意，总觉得自己可以做得更好，也总担心自己会错过什么重要的机会。这种心理状态让他们对自己的要求不断升级，不断去追逐那种理想化的"最好目标"，却很难真正享受已经拥有的东西。就像小张在求职时，总觉得会有更好的机会在前方等待他，结果错过了一个又一个本可以让他踏上职场之路的机会，以至于最后陷入到焦虑和自我怀疑当中。

这种不满足感会让人陷入一种"永远不够"的心理循环：拿到了一个 offer，却觉得还可以有更好的选择；完成了一项工作，却觉得自己可以做得更完美；得到了朋友的认可，却总是担心自己做得不够好。无论在生活的哪个方面，这样的人都无法感到满足，因为他们缺乏一种对自我的接纳，缺乏一种内心的松弛感。

而这种不断追求"最好"的状态不仅让人筋疲力尽，还会导致对自我及他人的要求变得苛刻，进而影响人际关系和情感生活。这样的人不仅无法给自己喘息的机会，也无法对他人的不完美给予宽容。最终，他们在追求"最好"的过程中，失去了对生活本真的感受，失去了简单而纯粹的快乐。

找到自己的"麦穗"，没有那么难

相传在古希腊时期，有三名学生向哲学大师苏格拉底请教如何才能找到理想的人生伴侣。苏格拉底带着他们来到一片麦田前，让他们从头走到尾，摘下一支自认为是最好的麦穗，中途不能回头。

第一个学生很快便摘下了一支看起来很不错的麦穗，但继续前行时，却发现后面有更多更好的麦穗，他后悔不已，觉得自己下手太早，错失了更好的选择。

第二个学生吸取了前者的教训，一直在犹豫，总想着后面会有更好的麦穗。结果，他走到了麦田尽头，却一支麦穗都没摘到，错过了所有机会。

第三个学生看到前两个人遇到的问题，仔细思考后，将麦田分为三段，在前两段只观察不摘，不断验证和调整自己的标准。最后，在第三段时，他果断摘下了一支符合标准的麦穗，虽然不是最大的，但他很满意自己的选择。

很多时候，"最好的"往往只是一个理想化的幻象，它永远处在你的视线尽头，不断驱使你去追逐，却永远难以真正触碰到。人生中的许多选择不一定要追求"最好"，而是要在适当的时机做出"最合适"的决定，学会把握机会，才能获得内心的满足感与松弛感。

在做决定时，应该先给自己设定一个合理的标准，而不是盲目追求虚无缥缈的"最好"。比如，在选择工作时，我们可以考虑自己最看重的是薪资水平、职业发展前景还是舒适的工作环境等。只要达到了某些关键标准，就可以放下对其他因素的过度纠结。

当已经做出一个合理选择后，就不要再因为"可能还有更好的"而反复犹豫。告诉自己："这已经是我目前能找到的最合适的选择。"这种心态能够帮助你避免陷入"选择焦虑"的怪圈。

找到自己的"麦穗"其实并没有那么难，只要我们能够放下对"最好"的执念，接受"最合适"的现实，就能在生活的每一个阶段找到内心的松弛感。毕竟，真正的幸福不是拥有最好的，而是懂得珍惜当下，学会在"够好"的状态中享受生活的美好。

☺ 第三节　躺平的人生，真的快乐吗

近年来，不少年轻人选择了"躺平"的生活方式，他们秉承着"不拼搏、不争抢、拒绝加班、拒绝熬夜，只愿悠然度过每一天"的人生信条，享受着生活的每一刻。然而，在这看似松弛快乐的表象之下，不少人内心深处却潜藏着难以言表的空虚与孤独。

三年前，张晓还是一个眼里有光，对未来充满希望的年轻人。当时，出身名校的他刚满25岁，入职的第一年，就获得了公司评选的"年度最佳新人"称号。那时的他每天都精力充沛，充满干劲，觉得自己一定能在这家公司闯出一片天地。然而，之后的工作却并没有像他想象中那样顺利，在种种打击之下，他逐渐失去了奋斗的动力。

之后，张晓对待工作便不再努力，而是选择"躺平"。他每天按时上下班，不加班、不接额外任务。对同事之间的明争暗斗，也都视而不见。领导批评他，他只是笑笑不吭声。同事讥讽他，他也无动于衷。

刚开始"躺平"的那段日子，他觉得自己终于解脱了。可是很快，他就发现，这种状态并没有带来想象中的轻松愉快。反而让他的内心

越来越空虚，甚至有些自我厌弃。朋友聚会时，当大家聊起升职加薪的新进展时，他只能默默地听着，心中满是失落。

"这样下去，我会成为什么样的人呢？"张晓时常在夜深人静时自问，但第二天依旧重复着一样的"躺平"日程。他感觉自己像陷入了一个泥潭，越挣扎陷得越深。

很多时候，"躺平"只是一种表面上的自我解脱，实际上很多人并没有真正享受到这份"解脱"带来的松弛与快乐。反而是在无所事事、无所追求的日子中，渐渐迷失了自我，失去了生活的方向。

躺平的松弛，真的能让你快乐吗？

"躺平者"常常以为自己得到了"松弛感"，实际上他们只是暂时摆脱了外界的压力，并没有找到真正的内心平和。他们将不作为等同于放松，将低欲望视为松弛，然而内心却充满了焦虑和不安。

这种状态像是给自己筑起了一道无形的围墙，阻隔了外界的干扰，但也隔绝了所有的可能性。真正的松弛感，不是消极放弃，而是主动选择。当你能够清楚地知道自己想要什么，并且坚定地朝着目标前进时，即使遇到压力，也能够坦然面对，享受生活中的点滴快乐。

对于像张晓这样的"躺平一族"而言，"躺平"后不快乐、不松弛的原因在于他们失去了对生活的掌控感。虽然摆脱了原有的压力，但也失去了追求的动力。而这种无所事事的生活，久而久之会让人对自己失望，甚至陷入自我厌弃的状态，情绪也会变得越来越消沉。

打破"习得性无助"，重获松弛感

1967 年，心理学家马丁·塞利格曼通过一系列实验，提出了"习得性无助"理论。他的实验过程是这样的：

塞利格曼选择将狗作为实验对象，并将它们分为三组，分别置于不同的实验环境中进行对比研究。

第一组：将狗置于可以控制电击的环境中。当电击装置通电时，狗可以通过按压一个杠杆来停止电击。经过多次尝试后，狗很快就学会了如何避免电击。

第二组：将狗置于不能控制电击的环境中。当电击装置通电时，不论它们如何挣扎，都无法停止电击的发生。经过多次无助的尝试后，这些狗逐渐放弃了任何挣扎，甚至在电击停止后也躺在原地，不再试图逃脱。

第三组：作为对照组，狗未受到电击影响。

实验的最后，塞利格曼将所有狗都置于可以轻松跳出电击区的开放环境中，之前无法控制电击的第二组狗选择了默默承受电击，毫无反应。而第一组狗和第三组狗则很快逃离了电击区。实验证明，那些被"训练"过的狗（第二组狗）"学会"了一种无助的状态，即使在面对有能力改变的处境时，也不再尝试。

塞利格曼的实验揭示了一个重要的心理现象：如果一个人长时间

处于无法控制的困境中，会逐渐对自己的能力失去信心，认为"无论如何努力都没有用"，最终放弃一切尝试。这种心理状态就是"习得性无助"。

很多人选择"躺平"后，内心感到空虚、焦虑，不知道自己该怎么办。其实，这种情绪上的困扰很大程度上源于"习得性无助"，即在多次受挫后形成的无力感和自我怀疑。

要摆脱这种情绪困境，首先要学会接纳自己的情绪。告诉自己："我现在确实很迷茫、很失落，这没有什么可焦虑的。"接纳情绪是解决问题的第一步，一味压抑只会让问题越变越复杂。

其次，找到适合的情绪宣泄方式也很重要，运动、写日记，或者与朋友聊聊心事，适当的情绪宣泄可以释放内心的负面情绪，让自己不再被负面情绪困扰。

最后，改变自身行为，逐步建立起正向情绪，比如每天读一本自己喜欢的书，给自己设立一些小目标，积累一点一滴的成就感，可以让自己变得积极起来。

通过这些小改变，你会慢慢从情绪低谷中走出来，找到内心的松弛与平和。真正的松弛感，不是放弃，而是学会在情绪波动中，依然保持内心的宁静与自由。

☺ 第四节　不思考，也是一种思考方式

很多人无法获得松弛感的原因之一，就是想得太多。无论是工作

上的决策，还是生活中的琐事，他们总是不断地在脑海中重复思考、纠结，试图找出"最优解"。不过，无论他们多么努力地想，总有些问题无法立刻得到答案，总有些状况无法完全控制。结果，想得越多，反而感到越困惑，越难以找到解决的办法。

小王最近刚买了新房，满怀期待地开始装修，这本该是件令人兴奋的事情，却让他陷入了无尽的烦恼之中。他每天在各大装修网站、论坛上看别人的装修案例，从墙面的颜色到客厅的布局，甚至连地板的材质都要反复斟酌。他总是担心自己做出错误的决定，于是反反复复地修改方案。

为了挑选最合适的沙发，他特意走访了几家家具城，拍了几十张不同角度的照片，回家对比、琢磨。然而，即便如此谨慎，他依然担心自己选择不当。看中的款式，他担心颜色搭配不协调；喜欢的布料，他又觉得价格太贵。结果折腾了一个多月，沙发都没能定下来，家里却已经堆满了各种装修材料和样品。

这样的反复思考使得小王的生活完全被装修"绑架"了。每天晚上，他都在琢磨家具怎么摆、地板怎么铺，甚至梦里都在纠结颜色搭配。一个多月下来，他不仅对装修感到疲惫，甚至对未来的新家也没有了最初的期待感，心情也变得越来越焦虑、烦躁。

当我们一直在思考时，大脑就像一个永不停歇的机器，既无法休息，更无法放松。更为严重的是，思考得太多，就会像小王一样，陷入到"思考泥潭"之中，把自己给困住，越是挣扎就越无力，根本无法获得真正的松弛感。

过度思考，会让你无法松弛下来

有些人认为思考得越多，就越能找到"最优解"，但实际情况是，思考得越多，焦虑也就越多，因为脑海中涌现出的各种假设和可能性会让人无从选择。过度思考的问题也正在于此：它会让我们在决定每件事情时，总感觉前方有更好的选择在等待着我们。

当我们总是试图去控制每一个细节时，便会忽视当下的感受和内心的真实需求。于是，我们开始对每一个决定、每一个选择都感到不放心，担心如果没有考虑周全就会留下遗憾。随之而来的，是我们的生活也会逐渐充满不确定性。

过度思考使我们的大脑始终处于紧张和高负荷的状态，无法休息，更无法感受到真正的放松。即使做出了某个决定，我们仍会反复质疑自己："是不是还有更好的方案？""我是不是还可以做得更好？"这种永远无法满足的心理状态，会让我们感到疲惫不堪，也会让松弛感愈发遥不可及。

多"酝酿"一下，多松弛一分

心理学中有一个饶有趣味的心理学效应，名为"酝酿效应"，它指的是在思考某个问题时，如果暂时将其搁置一旁，大脑会在无意识中继续处理和整合相关信息，最终可能带来意想不到的灵感。这种效应表明，有时候"暂不思考"反而比"拼命思考"更有效。

古希腊时期，数学家阿基米德接受国王的委托，要验证一项王冠是否掺杂了其他金属。阿基米德苦思冥想了许多天，都没找到合适的方法。一天，他去公共浴池泡澡，当他慢慢浸入水中时，突然发现浴池的水位在上升，这一瞬间的发现让他意识到，通过测量物体浸入水中时排开的水的体积，可以推算出该物体的体积，进而再根据其质量，就可以计算出物体的密度。于是，他光着身子从浴池里冲出来，兴奋地大喊。最终，阿基米德不仅顺利完成了国王的委托，还发现了浮力定律。

阿基米德并不是在严肃的工作场合通过苦思冥想发现答案的，而是在放松的泡澡中得到了灵感。当我们一直纠结于一个问题时，大脑会陷入一种"过载"状态，这时思路往往会变得狭窄和僵化。"酝酿效应"的关键在于，通过短暂地从问题中抽离，给大脑一个放松的机会，潜意识便能在没有干扰的情况下整合信息，从而帮助我们更好地理解和解决问题。

因此，当我们对某个问题反复纠结却始终找不到答案时，不妨刻意安排一段"思考空白期"，出门散散步、做些简单的家务，或是泡个热水澡。让大脑有机会从高强度的思维中解脱出来，进入放松状态。

面对复杂任务时，则可以采用分段式工作法，将工作和休息交替进行。每完成一个阶段的任务，就让自己彻底放松一下，去喝杯茶、听首音乐，让思维切换到轻松模式。这样不仅能保持高效的工作状态，还能避免思维疲劳。

很多时候，思考的困境并不是因为问题本身难解，而是因为我们在思考过程中不够松弛。告诉自己："我现在可以暂时不去想这件事。"这样能够减轻大脑的负担，让我们在不知不觉中找到答案。

松弛感不但不会让我们变得无所作为，反而会成为激发创造力的源泉。多酝酿一下，给自己和大脑多一点松弛的空间，就会发现，那些原本困扰我们已久的问题的答案可能就在不经意间悄然而至。通过"暂不思考"，我们不仅能在困境中找到突破口，还能真正享受到松弛感带来的愉悦。

☺ 第五节　推迟满足感，收获松弛感

在当下的快节奏生活中，很多人都习惯了立刻满足自己的需求。无论是购物、饮食，还是娱乐、社交，人们总是渴望迅速获得满足感，甚至在一件事情还没完全展开之前，就已经在期待结果了。

小刘是个地道的美食爱好者，每天都在社交媒体上关注各种美食博主，看到人家做出的一道道精致菜肴，他也心痒难耐，决心自己动手，打算做出同样美味的食物。

有一次，他在网上看到了一个法式甜点的制作视频，视频中做出的马卡龙色彩缤纷，看起来精致无比。小刘被深深吸引，决定亲自尝

试。他立刻去买齐了所需的材料，按照视频中的步骤开始操作。可烤出来的第一盘马卡龙却成了"马卡煎饼"，不仅外形丑陋，口感也不尽如人意。

不甘心的小刘又尝试了几次，可每次都因为没有耐心而出现各种问题，打发蛋白时要么打得不够硬，要么过度搅拌，最后还是以失败告终。一气之下，他将未用完的食材全都丢进了垃圾桶，并发誓再也不亲自动手做东西了。

追求即时满足的心态会使我们很难真正沉浸在一件事情中，也会让我们无法在做事的过程中体验到真正的松弛感。一旦结果与预期不符，就会像故事中的小刘一样，情绪立刻从欢喜、期待变为愤怒、焦虑。

心急得不到松弛感

很多人之所以无法获得松弛感，是因为他们总希望立刻得到满足。无论是想要迅速完成一项任务，还是急于实现某个目标，他们都渴望即刻看到努力的成果。比如，刚开始学习一门新语言，就期待自己能很快说得流利；刚开始健身就想马上看到体重减轻、肌肉线条明显；甚至看剧、读书时也总是想知道结局，而习惯性地跳过过程。

这种对结果的急切渴望，会让人很难真正投入其中，自然也就难以取得预期的结果。而一旦结果没有达到预期，内心的失落感和挫败感便会随之而来。这不仅会影响人的情绪，还会让人无法真正享受当下的过程，没办法获得真正的松弛感。

此外，这种"立刻满足"的心态还容易让我们掉入一种短期满足的陷阱中。比如，工作中遇到挫折，就立刻用刷剧、购物来安慰自己；为了避免长时间的学习和工作带来的疲劳感，习惯性地去刷短视频或社交媒体。这些短期的满足感虽然可以让我们暂时感到轻松，但长此以往，我们的耐心和意志力会逐渐被削弱，难以坚持去做那些真正有意义、需要时间和努力的事情。

推迟满足感，轻松获得松弛感

20世纪60年代，美国斯坦福大学心理学教授沃尔特·米歇尔进行了一项著名的"棉花糖实验"：实验中，研究人员把一群四五岁的孩子带到一个房间里，并在他们每人面前都放了一颗棉花糖。研究人员告诉孩子们，如果他们能忍住15分钟不吃这颗棉花糖，就可以得到第二颗棉花糖作为奖励。但如果他们等不及提前吃了，那就只能得到这一颗。

后续的实验追踪结果显示，能够忍住不吃棉花糖的孩子在未来的学业、社交和事业发展上表现得更加出色。米歇尔后来追踪这些孩子几十年，发现那些能够做到延迟满足的孩子，更善于自我管理和规划，有着更高的抗挫能力和自律性。

心理学中的"延迟满足效应"，正是来自于这一实验，它指的是一个人为了更长远的目标或更大的回报，愿意暂时放弃眼前的满足感。能够做到延迟满足的人往往能够更好地规划自己的生活，他们明白，暂时的放弃并不是失去，而是为了将来能得到更多、更好的回报。这种思维模式让他们在面对困难时更加从容，不会因为一时的得失而影响情绪。

那么，如何通过延迟满足，来获得松弛感呢？

首先，要为自己设立一个具体而有吸引力的长远目标，比如身体健康、提升技能或者在职业发展中获得成就。当拥有了一个明确的方向，就不会因为眼前的小诱惑而轻易动摇，因为这些短期的满足无法与我们的长远目标相比。

其次，在延迟满足的过程中更重要的是享受努力的过程。在学习一门新技能时，不要总想着何时才能完全掌握，而是要专注于每天的学习体验。如果我们能够将注意力放在过程上，便会发现，获得的满足感比追求结果来得更加持久、深刻。

最后，延迟满足感，不是压抑当下的欲望，而是让我们学会用更理性的态度去面对生活中的诱惑。通过培养延迟满足的能力，我们不仅能够更好地实现自己的长远目标，还能在生活中感受到更多的松弛感。因为真正的松弛，不是来自于一时的放纵，而是源自于内心对自我行为的掌控。

☺ 第六节　积极会让你更松弛

前面说过，很多人对"松弛感"存在误解，认为摆烂、躺平就是松弛。这其实只是大家关于"松弛感"的一种典型误解，除此之外，还有一些其他误解，比如，有人认为对任何事情都不关心、不在乎就是松弛；有人认为只要不努力、不拼搏，放弃追求和目标，就能获得松弛；也有人认为对一切都不闻不问，不和外界产生任何联系，才是真正的松弛。

上班时，小周每天都忙得不可开交，加班、熬夜成了家常便饭。为了改变这种疲惫的状态，他辞掉了高强度的工作，回到了家乡，每天过着没有压力的生活，不用工作、不用学习，吃吃喝喝、打打游戏，看起来似乎很"松弛"。

一开始，小周觉得自己终于找到了"自由"的感觉，再也不用为工作发愁，不用担心绩效考核的压力。但渐渐地，他发现自己的生活变得越来越空虚，每天睁开眼不知道该做什么，关掉游戏后，也不知道自己还有什么其他的兴趣。没有了目标和追求，他的精神状态反而变得越来越差。小周感到很疑惑："我明明什么都不做，为什么还会这么累？"

其实，小周所谓的"松弛"，与前面大家所误解的"松弛"，都是一种消极的状态，它不仅不能让人真正放松，反而会让人产生深深的无力感和空虚感。真正的松弛感应该是一种积极的心态，它意味着我们能够从容地面对生活的挑战，有能力去处理各种问题，同时还能保持内心的平和。

消极的松弛，只会让人更紧绷

人天生就需要一些目标来激发内在的动力和满足感，当我们放弃一切追求，失去了奋斗和努力的动力时，内心就很容易产生空虚感和无力感。即使短时间内感到轻松，但长久下来，这种没有目标的生活会让人对自己失去信心，对未来感到迷茫。

有些时候，压力的产生并不是因为我们努力工作或遇到了挑战，而是源于我们对压力的态度。当我们试图通过不去面对压力来逃避它时，内心实际上会积聚更多的焦虑，进而产生更多的压力。如此一来，压力不仅不会消失，反而会在我们对生活失去掌控时变得更加沉重。

面对困难时，积极应对和消极逃避是两种完全不同的心态。积极的心态能让我们主动寻找解决问题的办法，而消极的逃避只会让我们在问题面前愈加无力，形成恶性循环。这种消极的状态不仅不能让我们真正松弛下来，反而会让人变得更加焦虑不安。

相信好事发生，就会有好事发生

第二次世界大战的欧洲战场，人员伤亡情况极为严重，前线医院频繁面临吗啡（止痛药物）短缺问题。为缓解伤员难以忍受的痛苦，医护人员被迫采取了一项独特方法：他们使用生理盐水替代吗啡为伤员进行注射，并告知这是高强度的止痛药物。出人意料的是，众多伤员在接受这一"治疗"之后，都说他们的疼痛得到了缓解，情绪也随之安定下来。

这其实就是心理学中的"安慰剂效应"在起作用，其是指人们因相信某种治疗或药物有效而产生的积极效果，即使这种治疗或药物本身并没有实际的药理作用。这一理论表明，积极的心理暗示对人们的身心发展具有强大的影响力。

同样，积极的心态也能对我们的情绪和心理产生"安慰剂效应"。当我们相信自己有能力应对生活中的各种困难时，这种信念就会转化为实际的行动力和心理上的松弛感。

每天给自己一些积极的心理暗示，比如对自己说"我能处理好今天的事情""我有能力解决这个问题"。这些暗示看似简单，但能有效地改变我们的心态，让我们从消极的自我怀疑中走出来，建立起对自己的信心。

如果觉得心理暗示效果不好，也可以使用一些"立竿见影"的方法，比如每天记录几件让自己感到愉快的事情，或者每周定期回顾自己的进步。这样做可以帮助我们在生活中看到更多的正面因素，减少对负面情绪的关注。

真正的松弛感并不意味着没有目标，而是设立一些适合自己的、可实现的小目标。比如，每周完成一本书的阅读，或者每天运动半小时。通过实现这些小目标，我们会感到满足和愉悦，内心的空虚感也会逐渐减轻。

积极的心态并不是天生的，而是可以通过练习培养的。试着将积极的态度融入到生活的每一个细节中，久而久之，积极的心态便会成为我们生活的一部分。这样一来，我们会发现自己越来越容易获得松弛感。

要记住，真正的松弛感来自于对生活的积极态度和对自我的接纳。当我们能够以积极的心态面对生活时，即使处在压力当中，依然能够保持内心的平和。这种内在的力量，才是让我们获得真正的松弛感的源泉。

所有情绪问题，都是因为不够松弛

☺ 第一节　冲动易怒，别超过一定限度

生活中，我们常常会因为一时的冲动和愤怒，做出一些让自己后悔的事。无论是在家庭生活中因为琐事而对家人大声吼叫，还是在朋友聚会时因为一句无心的话语就火冒三丈，这种冲动易怒的情绪往往让我们惹上不少麻烦。很多人因为情绪管理不当而使得本该轻松愉快的时刻变得剑拔弩张，甚至导致人际关系破裂。

这天，小李和家人正在一起吃晚饭，起初氛围融洽，一家人其乐融融，但当话题转向孩子的教育问题时，饭桌上的氛围就慢慢变了。小李的父母坚持传统的教育方式，认为应该严格管教，而小李则主张多给孩子自由。随着两代人的观点碰撞矛盾逐渐升级，父亲的一句"看你现在这样，怎么教育孩子都不会像样"彻底点燃了小李的情绪。他愤怒地拍桌子，声音骤然提高，甚至指责起父亲的过去："我教的不像样，你就能教出像样的来？"

这突如其来的情绪爆发让餐桌前的温馨气氛瞬间冷了下来，家人们纷纷沉默，母亲的脸上满是失望，孩子也被吓得缩在一旁不敢出声，原本温馨的家庭晚餐变成了一场难堪的争执。接下来的几天，家人之间的交流变得稀少而冷淡，小李也带着孩子离开了父母家。

因一时冲动发泄情绪看似能暂时释放压力，但事后冷静下来，大多数人都会懊悔不已，想要挽回却又不知如何去做。就像小李一样，情绪的瞬间爆发不仅让他自己内心不安，也让身边的家人感到不适和压力，最后引发了更为严重的问题。

冲动易怒，多是因为不够松弛

冲动易怒是情绪失控的一种直接表现，很多时候，人们的愤怒爆发并不是性格使然，而是因为内心的负面情绪在长时间累积之后，超出了个人可以承受的限度。也就是说，冲动易怒是一种情绪"超载"的反应，就像一根弦被绷得太紧，稍微用力就会断裂。

在生活和工作中，我们时常面临各种负面情绪。这些情绪如果得不到及时释放或调节，就会像水滴一样不断积累，直到某一时刻，情绪的"杯子"被装满，任何一点额外的刺激都会让负面情绪溢出。

之所以有些人情绪的"限度"高，而有些人则动不动就发脾气，关键在于是否拥有足够的松弛感。那些能够有效管理情绪的人，通常在生活中保持了一定的松弛感，他们懂得在紧张和压力之间找到平衡，给自己留出情绪的缓冲空间。而那些缺乏松弛感的人，往往因为长期处于紧张和焦虑的状态中，情绪容易堆积得过满，导致稍微地刺激就会引发冲动行为。

因此，冲动易怒并不只是情绪管理的问题，更是一个人是否能够在生活中找到松弛感，避免情绪超限的问题。

松弛一些，别让情绪"超限"

心理学中的"超限效应"指的是一个人受到的刺激过多、过强、过久，超出了一定限度，进而产生逆反或不耐烦情绪的一种心理现象。这个限度就像是情绪的"警戒线"，一旦超越，就很难再维持情绪的稳定，最终引发过激反应。

一次，一位著名作家在教堂听牧师演讲。起初，他觉得牧师讲得很感人，于是决定在牧师演讲完之后捐一笔钱。然而，随着时间的推移，牧师越讲越多，这位作家开始有些不耐烦了，于是他决定少捐一点钱。时间又过去十分钟，牧师依然没有讲完，这位作家开始烦躁起来，他决定一分钱也不捐了。又过了 5 分钟，牧师才讲完话，这位作家已经被气得失去了理智，他不仅一分钱没有捐，反而还从捐款盘中拿走了两美元。

这个略显夸张的故事背后，正是"超限效应"在起作用。这种情绪超载的现象，往往发生在我们感到无法掌控局面或者遭受持续压力时。彼时，我们的情绪就像是被装满水的杯子，任何额外的刺激都是那最后的"水滴"，会让情绪的水漫出来，最终导致行为失控。而这种失控，通常并非因事件本身的重大性，而是情绪"超限"后失去理智的反应。

想要避免被"超限效应"所影响，关键在于保持足够的松弛感。当我们感到情绪逐渐积累时，应该适时给自己一点缓冲的余地，进行情绪调节。通过一些放松的活动，如冥想、深呼吸、运动或听音乐，可以使我们的情绪在尚未到达临界点之前进行释放，让心态重新回到平衡的状态。

此外，学会及时觉察自己的情绪变化也很重要。当你感觉到自己的耐心在被消磨、情绪正变得紧张时，应该尝试暂时抽离，不要让自己陷入情绪的"漩涡"中。给自己一段时间冷静，让情绪从高涨回归平稳，你会发现很多问题其实并没有想象中那么糟糕。

松弛感并不是逃避情绪，而是通过调节来避免"超限效应"的发生。只有当我们保持足够的松弛，才能在面对压力时从容不迫，避免因情绪过载而做出冲动的决定或行为。

☺ 第二节　别自我怀疑，每个人都有"蘑菇期"

在生活或工作中，你是否也有过这样的时刻：明明做了很多努力，却迟迟看不到成效；满怀期待地迈出第一步，却发现前路迷雾重重。每当这些时候，内心便开始冒出各种质疑声："我真的适合做这件事吗？""我是不是哪里做得不够好？"这些自我怀疑，就像一阵突如其来的寒风，带走了你对未来的信心和对自己的肯定。

小张刚从一所知名大学毕业，凭借着优秀的表现，顺利通过了多轮面试，进入了一家大型公司。面试时，公司对小张非常重视，面试官们频频夸奖他的能力，并告诉他公司未来会给他提供广阔的发展平台。初入职场的小张满怀期待，觉得自己终于有了施展才华的机会。

然而，入职后没过多久，小张发现事情并没有朝他预期的方向发展。起初，他每天都在等待重要任务的到来，可是公司似乎把他当成了一个边缘人。领导没有给他太多的项目，甚至在团队会议上，他的发言也常常被忽略。时间一天天过去，他做的工作都是些琐碎的小事，根本没有机会展现自己的能力。

渐渐地，小张开始对自己产生了深深的怀疑。他心想："面试时他们对我那么看重，现在为什么对我置之不理？是不是我做错了什么？"

这种自我怀疑让小张越来越焦虑，他开始怀疑自己是不是不适合这份工作，甚至开始后悔当初的选择，工作热情也开始逐渐消退。他不知道自己应该怎么办，只觉得自己好像陷入了一个看不到希望的困境。

小张会产生这种自我怀疑的情绪，并不是单一事件的结果，而是内外压力叠加后的一种心理反应。这种情绪的根源在于对结果的过分期待：当事情发展未能符合预期时，我们很容易认为是自己的能力不足，而忽视了一个普遍存在的现象——每个人在成长或追求目标的过程中都不可避免地需要经历一段看不到成果的"沉淀期"。这种情绪如果得不到适当的调节，会让人陷入到焦虑和不安的恶性循环中，逐渐丧失对自我的信心。

自我怀疑，也是内心不够松弛

小张的情况其实并不罕见，许多人在生活或工作中都会经历类似的"蘑菇期"，这一时期的特征就是感觉自己得不到外界的认可，努力似乎也没有任何回报。自我怀疑的情绪正是源于此，尤其是当我们过于关注外界的反馈，忽略了自身的成长过程时，这种情绪就会变得更加强烈。

但自我怀疑背后真正的原因，往往是因为内心不够松弛。松弛感，意味着我们在面对短期的挫折和困境时，能够依然保持内在的平和。缺乏松弛感的人，往往对自己的期待过高，且急于看到成效，而当现实不符合预期时，他们就容易产生焦虑情绪，进而陷入自我否定的循环。

就像小张，他产生自我怀疑的情绪并不是因为能力不足，而是因为他没有给自己足够的时间去适应新的环境，或者让自己慢慢在工作中找到合适的节奏。如果他拥有足够的松弛感，明白每个人在新环境中都有一个"适应期"，他就不会如此急于得到外界的认可，而是能够以更加从容的态度去面对当下的境况。

用松弛感，撑过"蘑菇期"

"蘑菇效应"这一术语，其灵感来源于蘑菇独特的生长方式——它们在幽暗潮湿的土壤中，默默吸收养分，积蓄力量，直到时机成熟便破土而出，绽放出生命的活力。这个过程就像我们在生活中的某些阶段，看似被忽视、被埋没，但其实是在为未来的成长做准备。

对于那些正在经历"蘑菇期"的人来说，最大的挑战就是如何在看不到成果的时候坚持下去。其实，许多人都会经历一段默默无闻、无人关注的时期，但这并不意味着我们没有进步，只是我们的努力还没有到显现成果的时刻。这之中的关键在于，我们是否能够保持耐心，静待时机的到来，而不是被焦虑裹挟，陷入到自我怀疑之中。

那么要怎样用松弛感，来对抗自我怀疑呢？

首先要学会接受自己的"蘑菇期"，明白这一阶段是成长的一部分，不要因为暂时的平凡而否定自己。

其次，要试着给自己设定一些阶段性的小目标，而不是总盯着遥不可及的远大目标。每完成一个小目标，你就能感受到进步，慢慢积累信心。

另外，学会在整个过程中放松自己，给自己一些空间，适当休息一下，让内心保持平静，避免过度紧张和焦虑。当你能够平和地面对当前的境遇，内心的自我怀疑自然会逐渐减弱。

松弛感能帮助我们看清现实，接受自己的现状，并且给予自己更多的时间和空间去成长。要战胜自我怀疑，就要学会放松心态，不要急于求成，耐心等待自己的努力开花结果。

☺ 第三节　为失败焦虑，也为成功焦虑

很多人没有取得成功，不是因为无法战胜失败，而是因为他们在面对可能成功的机遇时，畏缩不前，甚至选择了逃避。每当机会来临，他们并不是去抓住它，而是选择退缩，内心充满了对失败的焦虑。确切地说，这种焦虑并不完全是对失败的焦虑，而是对自己能否配得上成功的怀疑，以及对成功之后可能带来的改变的抗拒。

小张从小就展现出极高的音乐天赋，学校里的音乐老师多次建议他去参加一些音乐比赛，并且鼓励他去更专业的音乐学校深造。家人也支持他发展音乐才能，但每次遇到比赛机会，小张却总是找各种理由拒绝。他总是觉得自己还没有准备好，担心万一表现不好会让大家

失望。

有一次，学校邀请他在毕业典礼上演奏钢琴独奏，这是一个非常难得的机会。但小张却推脱说时间安排上有冲突，还说有其他同学比他更适合。实际上，小张内心深处很焦虑，他既想上台表演赢得大家的喝彩，又害怕自己一旦登上舞台，面对全校师生的期待，无形的压力会让他无法应对。

尽管他一直想在音乐上有所突破，但每次面对真正的机会时，他总是感到不安和焦虑。最终，小张选择了保持现状，继续将音乐作为自己的兴趣爱好，而那些通往更高舞台的机会则一次次与他擦肩而过。

小张的故事正是许多人在面对成功时的真实写照。我们以为自己害怕的是失败，事实上，很多时候我们害怕的恰恰是成功。因为成功意味着责任的增加、生活方式的改变，以及更多人对我们的期待。这种来自成功的压力，会让我们产生一种抗拒心理，担心自己无法承受成功之后的负担。

害怕成功，其实是在逃避成长

当我们害怕成功时，表面上似乎是在担忧结果，实际上是在逃避成长的过程。成功意味着我们需要承担更多的责任、接受新的挑战，而这些通常伴随着压力和生活方式的改变。面对这些，很多人会选择保持现状，而不愿意主动去追求更高的目标。做出这种选择并不是因为他们能力不足，而是因为缺少足够的上进心，无法驱动自己迈出那关键的一步。

缺乏上进心的人，往往习惯了现有的舒适区，他们满足于已经取得的成就，不愿意为进一步的成长付出额外的努力。他们明明知道有更好的发展机会，却因为不想打破现有的平衡，而选择原地踏步。看似害怕成功的背后，实际上是对改变现有生活状态的抗拒和对提升自我的懈怠。

松弛一些，别像约拿一样逃避

心理学家马斯洛在给自己的研究生上课时，曾问他们"是否有志于写出美国最伟大的小说"，或是"成为伟大的心理学家"。面对这些问题，学生们大多表现得很不自在，有人红着脸结结巴巴地回应，还有人则下意识地回避这些问题。马斯洛将这种心理现象称为"约拿情结"。

约拿是《圣经》中记载的一位先知，他一直渴望能得到神的重用。一次，神赋予了他一项伟大而光荣的任务，但他却没有接受这一任务，而是选择了逃避。最终在神的感召、惩戒下，约拿幡然悔悟，出色地完成了这一任务。

马斯洛注意到，这种逃避卓越和自我实现的行为是一种普遍现象，人们不敢追求卓越，害怕高水平的自我实现，因为他们认为自己配不上。

　　这类人不仅对自己的成长感到畏缩，还会嫉妒那些取得成功的人，甚至暗暗希望别人倒霉。"约拿情结"不仅阻碍了个体的成长，也影响了他们去实现自我价值。马斯洛指出，很多人在关键时刻似乎总会遇到"意外"，如比赛前会肚子疼、考试前会生病，或在升职前犯错误，这看似偶然的背后可能隐藏着一些尚未处理好的内在冲突。这种潜意识的自我破坏，常常是由于内心深处未曾宣泄的情感，如对父母的不满或对权威的怨恨，导致他们不自觉地阻止自己取得成功。

　　要打破"约拿情结"，就要让自己松弛一些，用松弛感来缓解自身的焦虑。保持松弛感，我们便可以用更从容的态度面对成功带来的一切，而不是让内心的紧张和焦虑扼杀了我们的动力。

　　那具体应该如何去做呢？

　　首先，要清楚地意识到自己内心可能存在的"约拿情结"，敢于面对自己的逃避心理。害怕、逃避的心理往往来自于我们对成功带来的未知变化的抗拒，所以我们要接受"成长并不可怕"这一事实。

　　其次，成长是循序渐进的过程，不必急于"一口吃成个胖子"。如果觉得一下子就跨到成功彼岸的压力太大，那就一步一步来，逐步接受获得成功可能带来的压力，这可以帮助我们保持松弛，而不是一下子被巨大的压力压垮。

　　最后，不要等待别人来发现你的才能，要主动展现自己的优势和能力。在成长的过程中，勇气是克服"约拿情结"的关键，只有敢于站出来，才能抓住属于自己的成功机会，至于成功之后该当如何，到时候自然会有解决的方法。

通过松弛感，我们可以减少对成功的抗拒，逐渐打破"约拿情结"的束缚，勇敢追求卓越，实现真正的自我成长。

☺ 第四节　不要忧郁悲观，该发生的总会发生

有些人总是对未来充满担忧，觉得无论自己如何努力，事情总会往最糟糕的方向发展。这种悲观消极的心态，不仅让他们失去了对生活的热情，还让他们在面对挑战时显得格外畏缩，害怕任何可能出现的意外。

小林一直觉得自己是个"倒霉蛋"，无论做什么事情，结果都不会达到预期。比如，有一次他准备出去旅行，但因为担心旅途中会出现突发状况，便花了几天时间做详细的准备工作。然而，就在出发的当天，天气突然变得糟糕，导致飞机延误，他的行程也不得不向后推迟。

这次经历让小林更加坚定了对自己"坏运气"的看法。从此以后，每当计划做什么事情时，他总是会想到最坏的情况。甚至在买车票、订餐厅这样的小事上，他也总是优柔寡断，担心出错，导致最后连出门的心情都被彻底破坏了。他觉得无论自己怎么计划，事情总是会朝着最不好的方向发展，这让他变得越来越消极、被动。

长时间的忧郁和悲观会让人陷入一种"无为"的状态，因为他们

相信无论自己如何努力，结果总会不尽如人意，所以任何尝试都不值得去做。这种情绪像无形的枷锁，束缚住了他们的行动力，让他们对未来充满悲观，甚至连最简单的事情都变得难以完成。结果，他们的生活便陷入了一种恶性循环，越是忧郁，越不敢迈出下一步，越不做事，生活就越让他们感到沮丧。

忧郁悲观，是因为缺乏对未来的掌控感

事实上，忧郁和悲观情绪的核心问题是，他们对未来的控制感非常低，认为无论付出多少努力，事情都会以负面的方式发展。这种情绪一旦深入人心，就会让人对生活失去主动性。

在这里，松弛感起着关键作用。松弛感是一种对现实的坦然接受，能够让我们以更平和的心态面对生活中的不确定性。当我们过于紧绷、过度担忧结果时，内心会变得悲观焦虑，行动时也会裹足不前。拥有松弛感的人，明白生活中总会有不可预见的事情发生，但这并不意味着我们不能去尝试。松弛感要求我们学会接受生活中的不确定，并且在做事的过程中找到平衡，尽可能去减少这种不确定给我们带来的影响，而不是一味陷入忧郁的情绪中。

小林遭遇困境正是因为他缺乏这种松弛感，总是希望一切按计划进行，一旦出现意外，他就认为事情已经"糟透了"，因此对未来充满忧虑。其实，有些事情不管怎么计划、如何规避，最终都依然会发生，既然如此，那就不必过多地在做计划上下功夫，而应该更多地去思考

采取何种措施，来尽可能减少这些事情为自己带来的损失。

了解"墨菲定律"，用松弛感赶走忧郁悲观

20 世纪 40 年代，美国空军进行了一项实验。在一次测试中，工程师爱德华·墨菲发现，所有感应器上的读数都是零，无论如何调试，结果都是一样。无奈之下，测试只能被宣告终止。经过一番检查，墨菲发现原来是助理人员将所有感应器都安装反了，这让他感到十分无奈。事后，他略带抱怨地说："如果一件事情有可能出错，那它就一定会出错。"

墨菲的这句话反映了人们面对不确定性时的无奈，"墨菲定律"也由此而来。这一定律总结了人们在生活中常常遇到的现象：凡事只要有可能出错，就一定会出错。无论计划多么周详，事情总有可能朝着最不理想的方向发展。

"墨菲定律"的存在不是让我们变得悲观，而是帮助我们意识到生活中不可避免的意外。这种认知能帮助我们放松心态，理解世界的复杂性，并接受那些我们无法控制的事情。培养松弛感就是要学会适应这些变化，而不是在面对不确定性时陷入过度的悲观情绪中。通过接受生活中的偶然性，我们能够以更加从容的态度应对挑战，减少忧郁和悲观情绪的影响。

那么，具体要怎么做才能获得松弛感，克服忧郁和悲观情绪呢？

首先，要接受"出错是生活的一部分"这一事实，不要期待一切

都完美无瑕。无论多么细致的计划，都会出现一些意外。接受这些错误，才能让自己在面对变化时更加从容。

其次，很多人之所以陷入忧郁悲观情绪当中，是因为过分执着于结果。想要解决这一问题，就要将注意力从结果上转移，转而关注自己在过程中的努力和成长。不再过分执着于是否一切如预期般发展，如此便会发现许多出人意料的乐趣和收获。

最后，生活中充满了变化，当事情没有按照预定计划进行时，要保持内心的弹性，及时调整自己的计划，不要僵化于原有的方案，这样才能让我们在困境中找到新的出路。

生活中的意外是不可避免的，而松弛感则是帮助我们在这些意外中保持冷静和从容的关键。当我们不再因为生活中的小意外而忧郁悲观时，我们的生活就会变得更加轻松自在。

☺ 第五节　向下比较，让你远离嫉妒

在生活中，一些人习惯性地关注比自己优秀、成就更高的人，并因此产生了强烈的失落感和嫉妒情绪。无论是在工作中看到同事升职加薪，还是在社交平台上看到他人的光鲜生活，每一次向上比较都会让他们感到自己的不足，并陷入一种自我否定和嫉妒的情绪循环。

上个月，小玲刚过完 30 岁生日。作为一名刚晋升为主管的广告策划师，她本来应该为自己的职业进步感到自豪。然而，最近的一次朋

友聚会却彻底毁坏了她的心情。

在聚会上，几个朋友提到了他们最近的生活变化：有人买了房，有人开了公司，有人准备出国留学深造。小玲一边听着他们谈论自己的成功，一边低头摆弄手机，内心却越来越不自在。"为什么他们的生活那么光鲜？我怎么还没买房？我的事业发展的速度为何不像别人那样快？"数不清的疑问在小玲的脑海中涌现。

聚会结束后，小玲感到自己的人生似乎被贬低得一文不值。她开始对自己取得的成就感到怀疑，总觉得自己跟这些朋友比起来差距太大。她陷入了深深的自我怀疑和嫉妒情绪中，原有的生活节奏也因为这种不断的向上比较而变得混乱。

"向上比较"是嫉妒产生的主要原因，这类比较并非全无益处，只是如果过度关注他人的成功，忽视了自己的进步，就会让人产生不满甚至挫败感。尤其是在当今社交媒体泛滥的时代，人们更容易看到他人的"高光时刻"，而忽略自己的生活节奏。这种现象会不断加剧嫉妒情绪，使人们失去对自我价值的认同。

向上比较，让你难以松弛生活

向上比较虽然可以激发我们追求更高的目标，但更多时候它却会将人推入紧张和焦虑的漩涡。不断关注比自己成功的人，容易让我们感到自己的不足，陷入无尽的自我怀疑和嫉妒情绪中。这种心理状态会使得我们无法松弛下来，时刻处于紧绷和不安的状态之中。

当我们把目光过多地放在他人身上，尤其是那些在各方面都比自己优秀的人身上时，往往会对我们的生活产生负面的认知影响。我们会觉得自己不够好、不够成功，从而对现状产生不满，甚至怀疑自己的价值。在前面的故事中，小玲因频繁关注朋友们的成功，而忽略了自己在工作中的进步。这种向上比较剥夺了她对自己成就的认可，让她陷入了持续的焦虑中。

拥有松弛感的人，懂得放下对外部成就的过分关注，转而把注意力集中在自我提升和内心的满足感上。松弛感并不意味着不追求进步，而是能够以平和的心态看待自己与他人的差距，接受自己的成长路径，减少与他人的盲目对比。

因此，克服嫉妒情绪的关键也在于此。松弛感作为一种强大的内在调节工具，可以帮助我们缓解因嫉妒产生的压力，让我们从紧绷的状态中解脱出来，不再执着于外界的成就，而是学会珍视自己的成长。

向下比较，让你获得可掌控的松弛感

1954 年，美国社会心理学家莱昂·费斯廷格提出了社会比较理论。这一理论认为，个体在缺乏客观的情况下，会以他人为尺度，来进行自我评价。费斯廷格认为，在社会中，人们倾向于通过两种方式进行比较：向上比较和向下比较。向上比较是与那些比自己更成功或更优秀的人进行比较，容易引发嫉妒和自我怀疑；而向下比较则是与那些不如自己的人进行比较，能够增强自信心和满足感。

在生活中，我们往往过度专注于向上比较，总是与那些比自己更成功的人进行对比，结果让自己陷入到嫉妒和压力之中。有些时候，适当的向下比较要比向上比较更有意义，它能为我们带来一种可掌控的松弛感。

向下比较并不意味着自满或止步不前，而是帮助我们认识到自己的优点，减轻因为与他人比较而产生的负面情绪。通过向下比较，我们能够从生活中获得满足感和成就感，从而在面对挑战时保持沉稳冷静。

要通过向下比较来获得可掌控的松弛感，可以从以下几点方法入手，从而实现心态的转变。

第一点，重新定义成功的标准。很多人习惯于把成功定义为外部的财富、名誉或地位，而忽略了个人幸福这一核心价值。当你感到嫉妒时，不妨尝试重新界定对你来说何为成功，专注于生活中那些已经取得的进步和所拥有的快乐，这能帮助你减少与他人盲目比较的压力。

第二点，限制使用社交媒体的频率。社交媒体增加了个体进行向上比较的频率，过多地看到他人的光鲜生活会让你的嫉妒情绪加剧。因此，减少或控制社交媒体的使用时间，可以帮助你减少与他人的不必要对比，避免陷入嫉妒情绪。

第三点，适度向下比较，增强自我认同感。适度地进行向下比较，减少对他人成功的过度关注，可以帮助你意识到自己已经拥有了很多资源和优势，帮助你增强对自己现状的认同感，减少焦虑感，提升松弛感。

通过向下比较，有助于我们获得对自己生活的掌控感，重新审视自己，从而减轻嫉妒情绪，最终获得松弛感。随之而来的自我认同将帮助我们专注于自身的成长，远离外部的干扰。

☺ 第六节　放下怨恨，才能走得更远

怨恨是一种极其普遍且常见的情绪，无论是因为职场上的不公平待遇、朋友之间的误会，还是生活中遭遇的挫折与打击，都容易在人们心中埋下怨恨的种子。起初，它或许只是对个别事件的一种即时反应，但随着时间的流逝，这些怨恨却如同雪球般越滚越大，逐渐在内心深处生根发芽，变得难以撼动。它就像一块沉重的石头，压在心头，让我们难以释怀，无法轻松地继续前行。

老王是个平日里脾气还算温和的人。某天傍晚，他发现自家门口多了一个垃圾桶，里面垃圾未清，异味扑鼻。他好心提醒路过的邻居李先生，不料李先生态度生硬，言语间还带着嘲讽。老王顿时觉得受到了侮辱，从此对李先生心生怨恨。

自那以后，老王对李先生的态度变得格外敏感，总觉得对方在故意找茬。每次在院子里相遇，他都会刻意躲避，甚至在邻居聚会上，也尽量避免与李先生接触。这份怨恨逐渐在老王心中生根发芽，不仅

让他对李先生充满敌意，更让他对整个社区的氛围产生了不满。每次看到李先生跟邻居们谈笑风生，老王都会烦躁不安。渐渐地，他不再像从前那样享受侍弄花草、傍晚散步的乐趣，而是常常一个人闷在家里，心情沉重。

当怨恨在心中悄然累积，我们极易陷入消极的思维漩涡，难以挣脱。此时，寻求解决问题的尝试会变得举步维艰，因为我们已被内心的负面情绪紧紧束缚，目光难以投向远方。怨恨如同一只无形的手，拽着我们不断回望过往的伤害与不满，使我们沉溺于不良情绪的深渊。长此以往，我们的心情会变得沉重不堪，人际关系、工作生活也都将会受到影响。

怨恨情绪是一根难拔的刺

怨恨的本质在于它让人专注于过去的伤害，而非解决当下的问题。它使人不断回顾那些带来痛苦的回忆，内心充满对加害者的敌意与报复心理。然而，一味怨恨并不会改变曾经发生的事情，也无法为我们带来任何实际的益处。相反，它会让我们失去理智，难以专注于当下的生活和未来的发展。这种情绪不仅消耗了我们的精力，还会破坏我们与他人的关系，甚至影响我们对世界的看法。

从心理学的角度来看，怨恨是一种长期压抑的情绪，它使我们处于一种"情感僵化"的状态。我们越是怨恨某人或某件事，就越容易将自己的生活与这份怨恨捆绑在一起。我们可能会通过反复咀嚼过去的伤害来让自己陷入情绪的循环中，甚至不自觉地拒绝和解或寻找解决问题的途径。最终，怨恨会让人变得固执、不愿原谅，甚至可能产生冲动的报复行为。

怨恨带来的消极情绪，容易导致我们对他人产生不信任感，过度解读他人的言行，并将这种负面情绪带入其他关系中。最终，它会让我们关闭与他人沟通的心门，从而逐渐丧失社会交往能力。

别做海格力斯，不被怨恨主导

在希腊神话中，海格力斯是一位力大无穷的英雄。一天，他发现一个鼓胀的袋子，便尝试踩扁它，却没想到袋子反而迅速膨胀，甚至挡住了他的路。愤怒之下，海格力斯用木棒击打袋子，但每次击打都让袋子变得更大。这时，一位智者出现并告诉他，这是"仇恨袋"，不去理会它，它就会慢慢变小；但若继续攻击，它只会越变越大。

这个故事告诉我们，怨恨和愤怒如果不去理会，便会逐渐消散；但如果持续滋养，它们就会不断增长，给你带来无尽的痛苦。心理学上的"海格力斯效应"正来源于此，当我们被怨恨和愤怒主导时，我们不仅无法改变过去的伤害，反而会因为这些负面情绪的控制而伤害自己和周围的人。只有放下这些负面情绪，我们才能轻装前行，走得更远。

如果觉得自己已经被怨恨情绪所影响，那就应该通过松弛感来保持冷静，将视线从怨恨的情绪上移开，转向专注于解决问题。松弛感可以帮助我们看到生活中那些可控的因素，并采取实际行动去改善现状，而不会让怨恨影响我们的判断力。

此外，怨恨的产生有时是因为我们对他人的误解或过度敏感。通过松弛感培养同理心，学会站在他人的角度思考，能够有效减轻内心的敌意，从而让我们更轻松地与他人相处。

要知道，生活中有许多不如意的事情是我们无法控制的，怨恨只会让我们在痛苦中徘徊，学会接受和释怀，我们才能放下过去，重新聚焦于现在和未来。

☺ 第七节　越是逃避，就越会恐惧

有时候，恐惧情绪不像愤怒或悲伤那样显而易见，它可能会在不知不觉中悄悄渗入我们的生活。当你在计划某个重要决策时突然犹豫不决，心里莫名其妙地担忧，或者在面对未知挑战时不敢迈出那关键的一步，这些都是恐惧情绪在作祟。它像影子一样潜伏在你身后，往往并不直面而来，而是时刻在等待一个合适的机会，让你感到紧张、无力，甚至选择逃避。

在职场奋斗五年之后，小林做出了一个重大决定：放弃现有工作，去追求他长久以来的梦想——开设一家属于自己的咖啡馆。为此，他投入了几个月的时间进行市场调研，最终找到了一个理想的店铺位置，并精心制定了一份详尽的商业计划。

然而，在即将签订租赁合同时，小林却犹豫了。他开始纠结于细节，如租金合理性和客流量预测，这些本已考虑周全的因素再次让他陷入纠结。他不再像之前那样坚定地推进计划，而是反复研究市场数据，甚至过分关注那些失败的案例，导致他对潜在的风险产生了过度的担忧。

随着时间的推移，小林在开店问题上一直拖延。每当朋友询问进展时，他总以"还在准备"为由搪塞。尽管租赁合同已备好，他却迟迟不肯签字。他担心客源、成本和市场竞争，每一步似乎都充满变数。

就这样，原本满怀激情的计划因为小林的犹豫不决而停滞不前。曾经那个充满干劲、对未来充满期待的小林，如今却常常盯着日历发呆，一再推迟他的"开业日"，始终无法迈出那决定性的一步。

当恐惧情绪来临时，人们往往会陷入一种过度思考的循环中，担心事情会出现最坏结果，导致自己陷入焦虑和无助的状态。在故事中，小林的犹豫、推迟和不断怀疑就是恐惧情绪逐渐占据上风的表现。尽管他已做了充分的准备，但内心那些关于失败的恐惧，让他始终无法迈出关键的一步。

恐惧情绪，会让人停滞不前

我们常常以为恐惧只会出现在大灾难面前，但其实，生活中那些看似微小的选择，都会引发潜在的恐惧。无论是跳槽、搬家，还是决定与某个亲密的朋友摊牌，这些事情背后都潜藏着一个共同的情绪——恐惧。

在与恐惧的较量中，最难对付的，往往不是外界的阻力，而是我们的内心。恐惧从不需要太多理由，它只需要一个契机，就能悄无声息地侵蚀我们的内心，干扰我们生活中的决策和行动。当我们被恐惧情绪主导时，理智的思考和松弛感就会渐渐消失。

恐惧会放大潜在的风险，使人陷入过度思考的怪圈。人们总是倾向于预想最坏的结果，而这种"灾难化思维"让恐惧变得更加具象化，并逐渐吞噬掉我们的勇气和信心。即使面对并不确定的风险，恐惧也会让我们产生错觉，仿佛一切都已经注定失败。

恐惧情绪还会让人变得高度紧张，导致身体和心理的双重负担。我们的大脑在面对恐惧时，会分泌大量的应激激素，使得身心处于持续的紧绷状态，进而阻碍松弛感的产生。当人长期处于这种紧张和压力之下时，就很难从容面对生活中的挑战，往往会选择退缩或停滞不前。

恐惧让人回避改变和不确定性，宁可安于现状也不愿冒险，这正是松弛感消失的典型表现。要真正保持松弛感，我们需要合理应对并化解恐惧情绪，否则恐惧只会继续主导我们的生活，让我们停滞不前。

直面恐惧，才能战胜恐惧

"恐惧效应"指出，恐惧并不会因为回避而消失，反而会越逃避越强烈。只有当我们勇敢面对它时，恐惧才能逐渐减弱，最终被战胜。而松弛感，正是帮助我们化解恐惧情绪的重要工具。

恐惧源于对未知的预期和对风险的夸大，当你一次次逃避恐惧时，实际上是在告诉自己这些事情是值得害怕的。然而，当你屡次勇敢地去面对和接触那些让你害怕的事时，你会发现，它们其实并不像你想象中那样可怕。随着时间的推移，恐惧感会逐渐减弱，最终你会意识到，曾经那些让你不安的事物已经无法再控制你的情绪和行为。

那么，我们该如何战胜恐惧呢？

首先，接受恐惧而非抗拒它。恐惧情绪之所以让人难以松弛，是因为我们总是试图抗拒它，不愿意承认其存在。当我们用松弛感去接受恐惧时，内心的抗拒和紧张感就会减少。接受恐惧并不是软弱，而是帮助我们更好地与这种情绪共处的关键。

其次，转变对恐惧的认知。运用松弛感去化解恐惧的核心在于认知上的转变。我们不应再把恐惧视为无法应对的障碍，而应视为一种可以逐步化解的情绪。这种转变会让我们以更松弛的心态面对恐惧，减少内心的压力与焦虑。

最后，通过反复练习减弱恐惧感。每当我们选择勇敢面对恐惧，而不是回避它时，松弛感便会变得更加稳固，恐惧情绪也会逐渐减弱。正如心理学中的"暴露疗法"所建议的，只有通过逐步接触让自己感到恐惧的事物，才能慢慢减弱对它的敏感度。

通过培养松弛感，能够帮助我们在面对恐惧时不再焦虑，而是以从容的心态逐步化解这种情绪。最终，松弛感不仅能让我们摆脱恐惧的束缚，还帮助我们在生活的挑战中找到内心的平静与力量。

☺ 第八节　用自我实现预言，打破自卑

自卑是一种深藏于内心的不安感，它让我们对自己产生怀疑，认为自己无法与他人相提并论。这种情绪往往源于与他人的比较或过高的自我期待。当我们总是觉得自己不够好、不够聪明或不够有能力时，内心便会渐渐充满自卑的情绪。它会让我们否定自身的价值，进而阻碍我们追求更高的目标。

小李是一名刚入职的市场推广专员。尽管他在校期间成绩优异，实习表现也相当不错，然而进入公司后，他却发现自己和同事们的差距似乎很大。其他同事不仅做事效率高，言谈举止也显得格外专业，而小李常常觉得自己跟不上节奏，总害怕会出错。

一次重要的项目会议上，小李原本有机会发表自己的见解，但在面对一众资深同事时，他觉得自己毫无资格发言。尽管他已经为会议准备了不少材料，但他依然选择了沉默。之后的几天里，小李对自己感到失望，认为自己没有能力应对这份工作。

慢慢地，他开始逃避参与团队讨论，也不敢接受更大的任务。这不仅影响了他的工作表现，还让他在社交上变得封闭，甚至觉得自己在团队中永远无法被认可。

与小李一样，许多人之所以会感到自卑，是因为他们在与他人比较中总是觉得自己不够好，忽视了自己的优势和潜力。当一个人过于紧张并高度关注外界的评价时，他的内心便会被自卑情绪所占据，认为自己永远达不到理想中的标准。

松弛感缺失，是自卑情绪的推进器

松弛感的缺乏会让我们过度关注外界的评价和环境中的挑战，产生一种持续的焦虑。这种焦虑情绪使我们更容易拿自己与他人比较，而忽略了自身的优势和成长空间。当我们处于一种紧张和焦虑的状态时，内心的自卑情绪会愈发强烈，因为在这种状态下，我们难以冷静、客观地看待自己。

以小李的故事为例，他在公司中的表现被同事的能力和经验所掩盖，内心开始不安。这种不安让他过度关注自己的短板，无法松弛地应对工作挑战，最终陷入了对自己的质疑之中。如果他能拥有足够的松弛感，能够从容应对外界的压力，那么他就不会因为一次会议中的沉默而感到挫败，也不会因为他人的能力而质疑自己的价值。

松弛感不仅能够让我们在面对压力时保持冷静，它还能帮助我们从容应对自卑情绪，避免陷入过度的自我批评。当一个人处于松弛的状态时，更容易接受自己的不足，而不是过分放大这些不足；也更容易在挫折中找到学习和成长的机会。

因此，松弛感的缺失会加剧自卑情绪的蔓延，而拥有松弛感，则能够让我们打破自卑的枷锁，重新把握对生活的掌控权。

依靠自我实现预言，打破自卑牢笼

1968 年，美国心理学家罗伯特·罗森塔尔和心理学家伦纳德·雅各布森共同进行了一个经典的实验。这个实验的初衷是研究教师的期望是否会影响学生的表现。实验在一所小学进行，罗森塔尔和雅各布森向教师们宣称，他们通过智力测验筛选出了一些"天才"学生，这些学生在接下来的学年内会表现出超乎寻常的进步。

事实上，这些被标记为"天才"的学生是随机挑选的，智力测验的结果与学生们的真实能力无关。但在接下来的学期中，这些学生的确取得了显著的进步，特别是在学业表现和行为上的变化更加明显。

之所以会出现这种变化，是因为教师们相信这些学生具有更高的潜力，在日常教学中无意间给予了他们更多的关注、鼓励和支持，学生们也因感受到这种信任与期待，变得更加自信，表现出了超出预期的成长。

这项实验证明了"自我实现预言"的力量——即当人们对某件事情产生期望时，这种期望会潜移默化地影响他们的行为，最终促使预期的结果成真。在罗森塔尔的实验中，教师的期望影响了学生的行为，而学生们也逐渐适应并满足了这些期望，从而获得了更好的成绩。

其实，"自我实现预言"并不仅限于外界的期望对个体的影响，它同样适用于我们对自己的看法。如果我们相信自己不够好、能力不足，那么这种信念会影响我们的行为和决策，使我们变得胆怯、害怕承担风险，最终导致表现不佳，从而加深了自我怀疑。而相反，当我们相信自己有能力、能够获得成功时，我们的行为也会变得更加积极，最终带动自己朝着成功的方向努力。

因此，在日常生活中，我们需要用松弛感来打破自卑的"自我实现预言"，重新树立起正向的、积极的"自我实现预言"。具体来说，我们可以从以下几个方面着手。

首先，要建立积极的自我认知。松弛感可以帮助我们减少对外界标准的过度关注，专注于自己的成长，从而改变负面的自我认知。通过培养松弛感，我们可以缓解内心的焦虑，学会接纳自己当前的状态，从而避免陷入自卑的泥沼之中。

其次，逐步实现小目标，积累自信。松弛感可以让我们在面对目标时不再感到压力重重，而是能够一步一步地完成小的目标，获取小的成功。通过这些小的成功，我们可以逐渐改变对自己的负面预期，形成积极的"自我实现预言"。

最后，学会接纳不完美。自卑情绪通常源于对自己不完美的恐惧，而松弛感则教我们学会接纳不完美，允许自己在错误和失败中学习与成长。通过接纳不完美，我们可以在失败中发掘自我提升的机会，而不是让自卑情绪主导我们的生活。

拥有松弛感意味着我们能够以一种从容不迫、轻松自在的心态面对生活中的挑战，而不是被自卑情绪主导。当我们放下对自己的苛刻评判，学会接受不完美，并在内心保持平和时，我们的行为会更加自然，自信也会逐渐建立，从而打破自卑的枷锁。

第二章 所有情绪问题，都是因为不够松弛

第三章

用松弛感拯救你的不开心

☺ 第一节　情绪失控的成本，都将由你买单

你是否曾因为一时的怒火，让失控的情绪瞬间控制了自己？比如可能在冲动之下大声责怪无辜的同事，或者和朋友大吵一架。过后冷静下来时才发现，情绪爆发不仅解决不了问题，反而给自己带来了更大的麻烦。

小赵是一名年轻的职场新人，他工作勤奋，但遇事总是爱较真。一天下午，客户突然提出一系列新的需求，要求在短时间内完成，这让小赵之前的努力全都付诸东流。面对暴增的工作量，小赵的心态顿时崩溃了。随着内心的怒火渐渐燃起，小赵忍不住当场顶撞了客户，说了一些过激的话。

当时的小赵觉得自己总算把心中的怒火发泄出来了，那一刻甚至有一种"扬眉吐气"的快感。然而，这一切并没有结束。在后续客户的反馈中，小赵的表现被评价为"情绪不稳定、缺乏职业素养"。最终，这单生意泡汤了，公司领导也对小赵进行了批评。这次冲动的代价，不仅让公司失去了客户，也让小赵在公司的形象受到了严重影响。事后，小赵懊悔不已，但为时已晚。

失控的情绪如同洪水猛兽，一旦闸门开启，便会冲垮一切。职场上，因为一时的愤怒，你可能错失升职的机会；生活中，和爱人因为一点鸡毛蒜皮的小事闹翻，之后的冷战更是让人身心俱疲。很多时候，我们往往会低估情绪失控带来的"成本"，却高估了情绪宣泄的"收益"。事实是，情绪失控的代价最后都将会由你自己来承担。

情绪失控的成本，不可估量

小赵的故事揭示了情绪失控背后潜藏的巨大代价。表面上看，他只是因为一时冲动，说了几句不该说的话，但随之而来的后果却是客户流失、工作形象受损，甚至影响了他的职场前途。很多时候，情绪失控的成本，往往不会在情绪爆发的那一刻显现，而是在事后慢慢发酵，直至造成无法挽回的后果。

这种成本往往是不可估量的，因为它不仅仅局限于一次失误带来的直接损失，更可能会在你未来的职业道路、自身的人际关系中产生连锁反应。一次情绪的失控爆发，可能会影响你未来的无数次机会与选择，甚至会给你贴上难以抹去的负面标签。

在日常生活里，许多人在人际关系、亲密关系中，因为无法管控情绪而导致的误解、争吵，往往会给双方的内心留下深深的伤痕。而这些伤痕的修复，可能需要花费几倍，甚至几十倍的时间与努力。

因此，我们必须意识到，情绪失控的巨大代价，它不仅能给我们带来瞬时的"灾难"，还会在长远的时间中让我们付出高昂的代价。要知道，情绪失控的成本无论多高，都将会由你自己买单，想逃也逃脱不掉。

松弛一些，别走上"野马结局"

在辽阔的非洲草原上，有一种不起眼的小动物——吸血蝙蝠。别看它身体小巧，却是强壮的野马的"克星"。吸血蝙蝠会悄悄飞到野马身旁，紧紧地附在它的腿上吸血。野马一旦感受到这细小的侵扰，便会暴怒、狂奔，试图甩掉这恼人的小家伙。可无论它如何拼命地奔跑，吸血蝙蝠依旧稳稳地贴在它的身上，不慌不忙地吸血。

最后野马往往筋疲力尽，甚至可能会倒地不起，生命也因此走到了尽头。但动物学家分析认为，吸血蝙蝠本身并没有杀死野马，吸血只是一个外在的刺激，而真正致命的是野马对这一刺激的过度反应。它的暴怒、狂奔的行为导致体力消耗过大、失血过多，最终平白丢掉了自己的生命。也就是说，野马其实是被自己的失控情绪害死的。

基于这个现象，心理学家提出了"野马结局"效应。它指的是，生活中许多人在遇到小问题时，往往情绪失控、反应过度，导致事态不断恶化。情绪的失控如同脱缰的野马，最终让人们付出远超预期的沉重代价。这一效应提醒我们，很多时候，真正的"敌人"不是外部的挑战，而是我们无法控制的情绪。

那么，我们该如何避免"野马结局"呢？答案就是要保持松弛感。

在生活和工作中，我们都会遇到各种烦心事和突如其来的问题。就像微小的吸血蝙蝠附在野马腿上吸血一样，这些事情虽然看似不起眼，但总是让人感到不安，容易激发过度的情绪反应。如果我们像野马那样因为一时的愤怒或恐惧，开始"狂奔"，试图用激烈的方式解决问题，最后便会发现，真正受伤害的其实是自己。

松弛感就是在面对这些"吸血蝙蝠"时，学会放松自己，冷静下来，不让情绪主导我们的行为。不要让小问题激发巨大的情绪反应。毕竟，很多时候问题本身并没有那么严重，真正让问题变得复杂和严重的，是我们自己的过度反应。

比如，当你在工作中遇到一个意外的情况，你可以先深呼吸，冷静思考：这件事真的值得我生气吗？我生气了，能改变什么？通过这种简单的自我反思，你会发现，事情并没那么棘手，生气根本解决不了问题。

松弛感能够帮助我们在情绪涌上心头之时，给自己营造一个缓冲的空间，这种状态使我们不急于爆发情绪，而是能够选择理智的回应。就像野马，如果它能意识到吸血蝙蝠的存在，并冷静应对，而不是因为愤怒而狂奔，它或许就只会被吸一口血，而不会丢掉性命。

因此，面对生活中的"吸血蝙蝠"，我们应该学会像心理学家所建议的那样，不要让情绪狂奔失控。松弛一些，冷静应对，即使一时没有解决问题的方法，也要先控制住自己的情绪，而后再慢慢想对策。

☺ 第二节　得不到赞扬，也不要不开心

无论是在工作中还是生活里，我们都希望得到别人的认可和赞扬。听到别人称赞自己时，心里像喝了蜜一样甜，仿佛一切努力都得到了回报。而当听到批评或者根本得不到任何反馈时，心情便会直线下滑，甚至感到失落和不开心。

小芳是一位全职妈妈，家庭和孩子是她生活的全部重心。平时她精心打理家务、照顾孩子，丈夫和朋友们也经常夸她贤惠能干，这让她感到自己得到了认可。每当她做好一桌丰盛的晚餐，或者把家里打扫得一尘不染时，丈夫都会夸赞一句："你真是辛苦了！最好的老婆！"

然而，随着日子一天天过去，赞美的话语渐渐变少了。丈夫因为忙于工作，回家后也变得越来越沉默，对小芳的辛劳也不再像以前那

样关注。孩子慢慢长大，也不会再像小时候那样对她的付出表现出强烈的依赖。小芳开始觉得失落，甚至有些怨气。

渐渐地，小芳对做家务和照顾孩子也没了最初的动力。她变得越来越烦躁，经常在家人面前抱怨，甚至觉得自己这些年的付出都没有得到应有的认可，心情跌到了谷底。

小芳的这种情况其实非常普遍，其根源可以追溯到我们年幼时期。无论是在学校还是家庭中，我们通过老师、家长的表扬来获得自我价值感。步入社会后，这种追求赞扬的心理更是根深蒂固——当老板表扬你时，你会感到自己在团队中的位置稳固，倍感自豪；而一旦没有收到任何正面的反馈，哪怕是因为对方忙碌疏忽，你也会不自觉地怀疑自己的能力，甚至开始不开心。

他人的赞美，不是让你开心的良药

在生活中，一些人会把外界的赞美当作衡量自己价值的标准，甚至觉得只有得到了称赞，自己的付出才有意义。然而事实上，他人的赞美并不是让开心的良药，也不是你保持快乐和满足的唯一途径。

起初，小芳在家庭中获得了足够多的赞美，但当这些赞美逐渐减少时，她就开始怀疑自己做得不够好，甚至认为家人不再重视她的努力。这种对外界赞美的依赖，会让我们逐渐失去对自我价值的判断力。小芳觉得她对家庭的付出只有在得到家人夸奖时才有意义，这样的心理让她的情绪起伏过度依赖他人的反应。事实上，家人对她的付出已经习以为常，但这并不意味着不再重视她，反而体现了对她的深深信任和依赖，只不过她自己并未认识到这一点。

如果我们总是依赖他人的赞美来获得自我价值感，而一旦这些反馈减少或消失，便会使我们的情绪陷入低谷，甚至产生不满和自我怀疑。因此，真正的快乐和满足感应该来自于内在的自我认可，而不是完全依赖外界的赞扬。只有学会自我肯定，才能在面对外界反馈变化时保持平静的心态，不因得不到赞美而让自己陷入不开心的境地。

破解"阿伦森效应"，享受松弛的快乐

"阿伦森效应"这一心理学概念是由心理学家艾略特·阿伦森提出的，研究的是人们面对外界反馈的情绪反应。这一效应指出，当我们习惯了得到他人的赞美，一旦这种赞美减少或消失，我们的情绪便会出现明显的下滑，甚至会变得比从未获得过赞美时更加失落。这种心理现象表明，最初得到的正面反馈会让人产生依赖感，而一旦这种反馈减少，情绪就会因为失落而波动。

"阿伦森效应"还揭示了人们容易步入的心理陷阱：我们会把外界的赞美与自我价值紧密挂钩，认为只有通过他人的认可，才能确认自己的重要性。而一旦这种认可消失，我们便觉得自己不再"值得"。这正是小芳遇到的问题，随着家人赞美的减少，她的情绪也开始变得低落，自我价值感也逐渐减少。

那么，像小芳这种情况，该如何去破解"阿伦森效应"，享受松弛的快乐呢？

首先，要培养内在的自我认同感。外界的评价并不能完全反映我们的真实价值，真正的快乐来源于内心的成就感。小芳需要重视自己的付出和努力，肯定自己对家庭的贡献，而不只是等待家人的表扬。内在的认可比外界的评价更持久，也更有力量。

其次，调整对外界反馈的预期。生活中不可能每时每刻都充满赞美和表扬，尤其是当我们进入一个稳定的状态时，外界对我们的期待和反应也会有所变化。正如家人对小芳的家务表现逐渐习以为常，意味着她已经承担了这个家庭的重要角色，而不是因为她的付出变得无关紧要。接受这种变化，能让我们在面对反馈减少时不至于情绪波动得过于剧烈。

最后，学会主动沟通和表达需求。如果小芳感到自己需要更多的认可，她可以主动与家人进行沟通，表达她的感受和需求。良好的沟通能让家人意识到她的情感需求，同时也能避免她在沉默中变得越来越不开心。

总的来说，破解"阿伦森效应"的关键在于：不要把自我价值完全寄托在外界的反馈上，而是要学会从内心找到自信与满足。通过培养内在的自我认同，调整预期，主动沟通，每个人都可以享受更为松弛的生活，不再被情绪波动左右，真正体会到源自内心的开心与平静。

☺ 第三节　抛开执念，才能迎来快乐

　　许多人之所以感到不快乐，往往是因为对某些事情执念太深。这些执念可能是对过去的成就、错误，或者是对未来的某种期望。很多时候，我们常常陷入对特定结果的执着，认为只有达成某个目标或坚持某种做法，才能获得真正的幸福。但现实往往与我们预期的不一样，越是执着，越容易陷入情绪困境。

　　王强年轻时白手起家，步入中年后，创办了一家风靡一时的科技公司。当时，他的公司凭借一款创新产品迅速崛起，成为业界的焦点，他自己也因此获得了许多荣誉。可是，随着市场竞争加剧，科技更新换代越来越快，王强的公司逐渐陷入困境。虽然市场需求和趋势发生了变化，但王强始终坚守着当年让公司成功的那套商业模式，固执地相信这就是他成功的唯一路径。

　　尽管公司业绩一年不如一年，王强依然执着于过去的策略，拒绝做出改变。他对当年的辉煌念念不忘，总觉得只要继续坚持，总会有机会重现当年的成功。然而，事实证明，市场已不再需要他的产品，他的公司也因此倒闭。之后，王强陷入了深深的痛苦之中，对过去的成功久久无法释怀。

　　在生活中，有些人对过去的成功过度依赖，总想着自己曾经有多么辉煌，于是不断试图重复过去的经验，却忽视了现实的变化；还有

些人对某一段感情无法释怀，认为只有维持曾经的情感状态，才是幸福的唯一方式，结果让自己陷入痛苦当中。执念就像一条无形的锁链，把我们牢牢束缚住，让我们无法轻松前行，最终陷入对生活的失望与不满之中而无法自拔。

被执念所困，难获松弛感

在王强的故事中，他的成功经验成为了他执念的根源，他固执地相信，沿用以往的成功路径，依然可以取得同样的辉煌。正是这种执念，让他拒绝改变，一味地沿用过去的方法，结果不仅失去了事业，也让自己深陷痛苦之中。

被执念所困的人，是很难获得松弛感的，它会让人固守在一种思维模式中，不敢放手，也不愿意放手。王强被过去的成功牢牢绑住，总想着重现当年的辉煌，却忽视了眼前的机会和挑战。执念让他的心态变得僵化、紧绷，丧失了灵活应对现实的能力。

无论是工作中还是生活中，执念过重的人总是希望控制一切，把事情按自己设定的轨迹推进。然而，现实往往不如人意，越是想要牢牢抓住的东西，往往越是容易失去。正是这种"被执念所困"的状态，让人难以找到松弛感，进而无法真正享受当下的快乐。

想要获得松弛感，就必须学会放下执念，接受生活的不确定性，拥抱生活中的变化与挑战，从而达到更加平衡、自由的心态。

摆脱"路径依赖"，抛开执念

"路径依赖"这一概念源自于经济学和社会学，指的是人们一旦在某个选择或路径上坚持得久了，就难以摆脱这种惯性，甚至在面对变化的环境时，依然固守原有的思维或做法。心理学中经常用这一概念来解释人们执念的形成和固化。当我们沉浸在过去的经验、成就或者错误中时，往往会执着于某种固定的方式或观念，难以跳脱出来，这种依赖性会使我们在遇到新的问题时，无法及时调整，从而错失改变的契机。

执念是"路径依赖"的心理表现之一。当我们执着于一个结果、一个想法或一个人时，我们的思维会变得僵化，情绪也会变得焦虑、痛苦。我们会认为，只有沿着这条熟悉的路径才能实现自己想要的生活，或者只有某个特定的结果才能让自己快乐。正是这种执念让我们陷入情绪困境，无法轻松前行。

那么，如何摆脱"路径依赖"，抛开执念呢？以下几种方法可以帮助我们打破这种束缚，迎来更松弛的生活。

首先，想要摆脱执念，先要接受现实的变化。世界是不断发展的，过去的经验未必适用于现在的情境。执着于曾经的成功或错误，只会让我们停滞不前。我们需要不断提醒自己，变化是生活的常态，只有接纳变化，才能灵活应对未来的不确定性。

其次，打破惯性思维，勇敢尝试新路径。"路径依赖"会让我们陷入惯性思维，习惯于走"舒适区"的老路。但很多时候，只有打破这种惯性思维，尝试不同的方式，才能找到新的机会。放下对固定结果的执着，才能打破"路径依赖"，迎接新的可能。

最后，培养弹性心态，学会适应和放松。弹性心态是对抗"路径依赖"和执念的重要方法之一。拥有弹性心态的人能够在面对失败或挫折时，迅速调整心态，不被困于过去的执念。松弛感就是一种弹性心态，它让我们不再追求一成不变的完美结果，而是以更加轻松和灵活的态度面对生活的变化。通过这种心态的培养，我们可以减少不必要的焦虑，从而找到生活中的更多乐趣。

总的来说，摆脱"路径依赖"和执念，不仅能够让我们从过去的框架中跳脱出来，更是帮助我们以松弛感来应对生活中的变化。只有当我们学会接受不确定性，放下执念，才能真正享受当下的每一个瞬间，找到生活中的快乐。

☺ 第四节　松弛一些，别为了小事生气

生活中，有些人总是容易因为一些小事而生气，甚至一些芝麻大小的琐事，也会让他们心生不快。比如别人无意间的冒犯、排队时被插队、开车时被他人的车辆别了一下……这些事看似微不足道，却常常能让我们怒火中烧。最终，气坏的不是别人，而是我们自己。

小张是个脾气急躁的人，生活中的琐碎小事总能轻易引起他的情绪波动。一天早上，他准备出门上班，刚穿好外套却发现昨晚忘记给

手机充电,手机电量只剩下个位数,这让他心里一阵不爽。接着,他去厨房倒咖啡,结果手一抖,咖啡杯被打翻在桌子上,溅得满桌都是咖啡,他的情绪开始变得烦躁起来。收拾好后,他急忙出门,准备锁门时却发现钥匙不见了,翻了好久才在沙发缝里找到。此时,他的火气已经在心里升腾。

匆匆赶到公司后,小张发现同事还没有回复他前一天发的工作邮件,导致他无法推进手头的项目。因为心情本就糟糕,他对同事的不满迅速攀升。接下来的工作也不顺心,打印机突然出问题,文件排版出错,连同事的提议都让他觉得刺耳。情绪失控的小张在会议上因为语气不好与同事发生了争执,导致整个会议氛围变得异常尴尬。

一天的烦躁情绪让小张本可以顺利完成的工作变得复杂而艰难。原本只是一些无关紧要的小事,却层层叠加,最终让他一整天的心情和工作状态都受到严重影响。他越想越觉得一切都不顺心,整个人陷入了负面情绪的泥潭中。

小张的经历其实很常见,但真正的问题并不在于那些琐碎的小事,而是他对这些小事的反应。手机没电、咖啡洒了、钥匙找不到,这些事情本身并没有很大的影响力,也不具备改变运气的能力。真正让小张情绪失控的,是他内心对这些小事的过度反应。当他把每一件小麻烦都放大时,最终这些微不足道的小事在他的情绪世界里汇集成了"大事"。

出问题的不是事，而是你自己

实际上，生活中的很多事情本身是中性的，它们只是一些微不足道的生活片段。真正让事情变得复杂和糟糕的，是我们内心对这些事件的解读和情绪反应。当我们对小事反应过度时，就容易陷入负面的情绪循环中，变得更加焦虑和不满。小张正是因为无法放下这些小问题，才让它们逐渐积累，最终影响了一天的心情和工作状态。

这说明，问题的根源并不在于事情本身，而在于我们对待事情的心态。生活中总是充满了不如意的小插曲，如果我们每次遇到麻烦都选择愤怒、烦躁或抱怨，那么问题就会被不断放大。如果我们能学会松弛一点，放松对生活小事的控制欲，就能在面对这些琐碎小事时保持更轻松的心态。如果小张在遇到手机没电、钥匙丢了的时候，能够稍微停下来告诉自己"这并不是什么大事"，也许他就不会让这些小问题一层层积累，最终影响到整天的情绪。

学会处理情绪是应对生活琐事的关键。控制情绪、放松心态，才能避免让小事主导我们的生活。当我们意识到真正需要调整的是自己的反应方式，而不是事情本身时，生活中的许多烦恼也会随之减少。

松弛一些，你能避开 90% 的烦恼

美国著名社会心理学家费斯汀格提出了一个广为流传的判断，被称为"费斯汀格法则"。他认为，生活中 10% 的事情是我们无法控制的，它们不可避免地会发生，而另外的 90% 则取决于我们对这些事情

的反应方式。换句话说，生活中真正能让我们痛苦或快乐的，不是那些突如其来的意外，而是我们如何面对这些意外。

很多人经常抱怨："为什么总有倒霉事发生在我身上？为什么我的运气这么差？"其实，这些烦恼大多并非源自外界的因素，而是因为我们对这些事情的反应方式过于强烈。小麻烦确实会时常出现，但我们如何应对它们，才是真正决定我们情绪和生活状态的关键所在。

比如，当你在路上行走时被一辆车溅了水，如果你选择生气、埋怨，那么这10%的意外就可能会迅速蔓延，影响到你余下的90%的事情，让你一整天的心情都变得糟糕。而如果你能放松心态，把它当作一个偶然的小插曲，迅速调整情绪，接下来90%的事情便可能会顺利进行，你也可以保持轻松愉快的心情。

那么，如何才能在生活中运用好"费斯汀格法则"，避免让10%的小事扩大成90%的烦恼呢？以下是几个具体的方法。

首先，接纳不可控的10%。生活中确实有很多事情是我们无法掌控的，比如突如其来的坏天气、突发的工作任务，或者他人的无心之失。接受这些不可控的部分，不让自己被它们轻易激怒或心生沮丧，是避免情绪失控的第一步。

其次，聚焦于当下能控制的部分。面对意外时，不要过多纠结事情的起因，而是将注意力放在自己力所能及的事情上。比如，遇到工作上的失误，与其埋怨自己或别人，不如思考如何解决问题，或者从中学到什么教训。通过积极应对，能够有效缩小"10%"的影响范围，避免它扩展到余下的"90%"。

最后，学会快速释怀，避免情绪积压。"费斯汀格法则"的核心在于，不要让一件小事长期占据你的情绪空间。处理完问题后，尽快忘掉它，避免让它成为负担。用松弛的心态看待这些不愉快的小事，不要让它们左右你接下来的一天，甚至更长时间的心情。

生活的确充满了不确定性，但如果我们能用更松弛的心态去应对这些 10% 的"烦恼"，那么我们就能掌控剩下的 90%，让生活更加轻松愉快。

☺ 第五节　想开心就要学会断舍离

曾几何时，我们都被灌输过这样一种理念：生活中拥有的越多，才能活得越充实、越幸福。于是我们拼命地给自己安排更多的工作、更多的活动、更多的物品，仿佛拥有得越多，人生就越成功。然而，事实却常常相反——拥有越多，生活往往变得越复杂、越沉重。因为不懂得"断舍离"，结果就是给自己制造了无数的烦恼，反而远离了真正的轻松与快乐。

小美是一个热爱时尚、追求生活品质的女孩，每次看到网上推荐的新物品，她总是忍不住下单。衣柜里塞满了漂亮的衣服，厨房里堆满了各种小家电，家里的每个角落都有她精心挑选的装饰品。她的生活本应充满乐趣和舒适，可是随着物品越堆越多，生活空间却变得越来越狭窄，就连整理和打扫都成了一种压力。

不仅如此，小美还报了各种兴趣班和社交活动。她想让自己的生活更加丰富多彩，但她很快发现，这样的安排让她忙得几乎没有喘息的时间。日程被排得满满当当，她总是在一个活动结束后就急忙赶往下一个，回到家面对凌乱的房间，更是心力交瘁。

最终，小美感觉到疲惫不堪。她原本追求的"充实"生活，反而成了压在她肩上的重担。这些不断增多的物品和事务并没有给她带来期望中的幸福感，反而让她陷入了无尽的压力和焦虑之中。

现实生活中，很多人习惯把时间安排得满满当当，以为充实就意味着幸福。还有些人的家里堆满了看似有用的物件，结果物品多到凌乱，反而找不到真正有用的东西。正如故事中的小美一样，过多的选择、过多的事务和物品，不但没有让她变得更加自由，反而成了无形的负担，压得她喘不过气。

不懂"断舍离"，难获松弛感

小美的生活中充斥着太多的"东西"，从过多的物件到紧凑的日程安排，表面上看似丰富多彩，但实际上，每一件多余的东西都在占据她的时间、精力和情感空间。过多的拥有不仅没有为她带来期望中的满足感，反而让她感到被生活的负担压得透不过气。

小美一开始可能觉得拥有很多东西给自己带来了充实感，但随着物品和事务的增多，她开始感到被这些外在事物束缚了自己的时间和空间。那些原本让她感到愉悦的物品，逐渐变成了生活的负担，并且家里的凌乱让她感到不安，过度的忙碌也让她疲惫不堪，内心的松弛感更是无从谈起。

生活中，很多人像小美一样，把太多精力花在物质上，却忽视了内心的真正需求。我们渴望更多的拥有，但没有意识到，正是这些多余的东西和忙碌，剥夺了我们享受生活的自由空间。如果不懂得适时放下，生活中的一切看似井井有条，实际上却让内心被挤得满满当当，无法享受片刻的平静。

不懂得"断舍离"，就像不断给自己添加无形的枷锁，随着时间的推移，这些枷锁越来越重，最终挤占了内心松弛感的空间。每一个不必要的物品或活动，都在无形中剥夺我们自由的心态。

别把自己困在"鸟笼"里

1907 年，詹姆斯从哈佛大学退休，他的好友卡尔森也一同退休。一天，詹姆斯和卡尔森打赌，声称一定会让卡尔森养上一只鸟，而卡尔森则坚信自己不会，因为他从未有过养鸟的想法。不久后，卡尔森过生日，詹姆斯送给他一只精致的鸟笼。卡尔森只把它当作工艺品展示，但每当客人来访，看到空鸟笼时，都会问："你的鸟呢？它什么时候死了？"卡尔森一再解释自己从未养过鸟，但客人们总是露出疑惑的表情。无奈之下，卡尔森最终买了一只鸟，詹姆斯也因此赢得了打赌。

通过这件事，心理学家詹姆斯验证了自己发现的"鸟笼效应"。假如一个人获得了一个漂亮的鸟笼，那他很快就会觉得笼子里不能空着，于是便会去买一只鸟放进去。接着，他又会给鸟添置食物、玩具、装饰品，渐渐地，鸟笼所引发的一连串需求和消费开始占据他的生活。这就是"鸟笼效应"的核心：一个不必要的东西会引发一连串的附加行为，最终让人们被无用的事物束缚住。

小美的经历正是这种心理效应的写照。她的生活被越来越多的物件和事务充斥着，原本以为这些东西能够让生活更美好，结果却因为不断地"填补"生活中的空白，反而让自己陷入了无尽的烦恼中。

想要摆脱"鸟笼效应"的影响，就要学会"断舍离"，为松弛感留出一些空间，它可以帮你对抗生活中的各种烦恼。具体来说，可以从以下几方面入手。

首先，分清必要与非必要。当你想要购买某样物品或安排某项事务时，先问问自己："我真的需要它吗？没有它，我的生活会有很大影响吗？"这样的问题能够帮助你区分对于你来说真正有价值的是什么，从而避免不必要的消费和忙碌。

其次，定期审视自己的生活。"断舍离"不仅是物品上的清理，也包括对时间和精力的管理。我们要定期审视自己的生活，清理掉那些不再有用的物品，减少不必要的事务安排，给自己留出更多自由和放松的空间。

最后，减少对物质的依赖，专注内在需求。与其追求物质的拥有，不如关注自己内心的真正需求。真正的幸福感来自于内心的平和与满足，而不是外在的装饰。学会关注自己的情感需求，减少对物质的依赖，才能找到内心的平静与快乐。

松弛一些，学会放下那些不必要的负担，我们才能在简单的生活中找到真正的幸福。

☺ 第六节　别纵容自己，负面情绪是会升级的

在日常生活中，有些人发现情绪的释放能为他们带来某种即时的利益，或是察觉到愤怒与怨怼能在短期内帮助他们解决问题，因此偶尔会借由发泄负面情绪来谋取"便利"。久而久之，这种行为便悄然演变成了一种习惯，他们开始无节制地宣泄自己的负面情绪。起初，这些情绪只是微不足道的小愤怒、小不满，但随着时间的推移，这些情绪逐渐累积并升级，最终可能引发冲突、争吵，乃至更为严重的后果。

小李是一名普通的上班族，他性格急躁，在家里常常因为小事发脾气。刚开始时，他只是因为一些琐碎的家务不顺心而抱怨几句，比如水池中的碗没有及时洗、地板没打扫干净等。每当他发火时，家人为了避免冲突，通常会立刻满足他的要求，这让小李觉得通过发脾气的方式可以有效地掌控局面，解决问题。

慢慢地，小李开始依赖这种方式来让家人顺从，而他的脾气也变得越来越大。有一次，他带着工作上的压力回到家，本来心情就不好，

看到妻子忙着做饭没来得及把衣服晾出去，孩子又在玩游戏没做作业，小李的怒火一下子被点燃了。他大声责备妻子："你整天在家连这些事都做不好吗？"接着又对孩子吼道："天天就知道玩游戏，学习一点都不上心！"

孩子被吓得呆住了，眼泪在眼眶里打转，妻子也因为受不了他的责备，放下手中的锅，和小李争吵起来。小李却不依不饶，越说越气，甚至开始摔东西。最后，妻子带着孩子回了娘家，家里瞬间变得冷清。站在空荡荡的客厅里，小李感到一阵后悔，意识到自己的脾气不仅没有解决任何问题，反而让家人对他心生怨恨。

当人们无法有效管理自己的情绪时，负面情绪就会像滚雪球一样越滚越大，最终可能导致情绪的全面失控。一次次的愤怒、抱怨和埋怨，不仅影响了自己，还会波及周围的人。负面情绪一旦被纵容，便会在不知不觉中侵蚀我们的心理健康，破坏我们的人际关系，甚至引发更大的麻烦。

放纵负面情绪，只能获得负收益

从小李的故事可以看出，放纵负面情绪，只会带来更多的负面结果，绝不会真正解决问题。起初，发脾气似乎帮助小李迅速"掌控"了家庭中的小状况，让家人按照他的意愿行事。然而，这种短期的"收益"只是表面的。小李通过情绪化的方式达到的效果，长期看来，只会逐渐削弱家庭成员之间的情感纽带，最终导致更大的矛盾。

起初小李只是在家务琐事上发脾气，但随着时间推移，这种情绪的宣泄变得更加频繁和剧烈，直到最后演变成激烈的争吵，甚至让家人离他而去。他通过发泄愤怒获得的短期"收益"在长期来看，却是以家庭关系的恶化为代价的。妻子和孩子的忍让并不是认同他的行为，而是为了避免冲突的无奈选择，而这种一再的忍让往往只会积累更多的矛盾。

情绪失控并不能真正解决问题，愤怒的发泄只会让人越来越依赖这种方式来应对生活中的不如意，从而忽视了采用更加理智、健康的沟通方式。当我们习惯用负面情绪来解决问题时，问题不仅不会真正消失，反而会逐渐积累并恶化。情绪的放任会让我们失去理智，最终陷入更严重的矛盾和冲突中，从而给家庭、工作和自己带来巨大的负面影响——这就是"负收益"。

别纵容自己，打烂更多窗户

"破窗效应"是社会心理学中的一个著名概念，最早提出于犯罪预防领域。其核心思想是：如果一个房子有一扇破窗，且没有人及时修补，其他人就会认为这里没人管理或不受重视，于是破坏行为会逐渐增多，最终可能导致整个房子被毁坏。同理，生活中微小的负面行为如果不加以修正，也会引发更大的问题，最终导致无法挽回的后果。

这个理论在心理和行为层面同样适用。如果我们在日常生活中一再纵容自己的负面情绪、任由情绪失控，就如同在生活中打破了一扇"窗户"，而没有及时修复。随着时间的推移，这种负面情绪和行为会逐渐积累、升级，最终可能演变成更为棘手和复杂的问题。

举例来说，如果我们在工作中因为同事的小失误而大发脾气，最初可能会得到一些短暂的满足，感觉通过愤怒表达了自己的不满。然而，如果没有及时反思这种情绪的来源和影响，愤怒可能会成为一种常见的反应方式。当我们下一次遇到更小的问题时，我们会更容易发火，慢慢地，这种负面情绪会开始渗透到与同事的交往中，甚至影响整个团队的工作氛围，最终可能导致人际关系恶化、团队效率下降，甚至自己的工作表现也会受到影响。

要避免打破更多"窗户"，我们必须学会从根本上管理自己的情绪。以下是几个有效的应对方法。

首先，及时修复情绪"破窗"。当负面情绪出现时，关键是要及时意识到它的存在并主动采取措施缓解。不要因为一次失控的小事而引发一连串的情绪崩溃，及时调整心态，才能避免让小问题扩展成大问题。

其次，培养松弛感，避免情绪恶化。松弛感可以帮助我们在面对生活中的挫折时保持冷静。遇到不顺心的事情时，尝试深呼吸，提醒自己这些问题并不值得情绪失控。拥有松弛感，我们能学会放松自己，减少对负面情绪的反应。

最后，采用积极的情绪管理策略。学会识别情绪并选择适当的表达方式，不要让愤怒成为唯一的应对机制。通过沟通、调节心态和寻求解决方案，来有效处理那些让你不满的事情，避免因一时的情绪宣泄而打破"窗户"。

通过这些方法，我们可以有效防止负面情绪的蔓延和升级。松弛一些，不轻易放纵自己的情绪化反应，才能避免更多"破窗"现象的出现，让我们的生活和工作环境变得更加和谐、健康。

☺ 第七节　不要因为别人的一句话就不开心

有时候，一句不经意的话就像一颗石子，落入心湖，激起层层波澜。你是否有过这样的经历：本来心情还不错，但因为别人一句无心的评论，导致整个人的情绪瞬间由高涨转向低落？或许这句话并没有恶意，但我们却开始过度解读，反复咀嚼，最后陷入了不必要的自我怀疑和沮丧之中。

小陈热爱健身，平时经常在朋友圈晒自己的健身成果，朋友们也经常夸奖他身材好、意志力强。有一天，他和朋友们一起聚会，正聊得开心的时候，朋友小王随口开了句玩笑："哎，小陈，你最近是不是胖了点？好像没以前瘦了。"这句话其实并没有恶意，大家都是一笑而过，然而小陈却心里一沉，脸上的笑容瞬间僵住了。

聚会后，小陈回到家开始反复思考这句话。他站在镜子前反复打量自己，开始怀疑自己最近的健身效果是不是不如从前，甚至觉得自己真的变胖了。尽管家人和其他朋友一再安慰，说他依然保持着很好的体型，但小陈还是觉得小王那句无意的玩笑可能是对他健身效果的某种真实反映。

接下来的几天，小陈对自己的健身计划更加苛刻，每天跑更长的距离、举更多的重量，甚至控制饮食到极端的程度，整个人也变得焦虑不安。每次想起朋友那句玩笑话，他就忍不住自我怀疑，心情也一直处在低落状态。

生活中，很多人都会因为别人的一句话而情绪波动，"说者无心，听者有意"的现象屡见不鲜。也许是朋友的一句无意玩笑，或者是同事不经意的提醒，我们常常把这些话当作对自己的评判，进而影响到整天的心情。其实，真正让我们不开心的，并不是这句话本身，而是我们自己内心的反应和解读。

听者有意，是因为内心太过紧绷

小陈的反应，其实并不是因为朋友的玩笑话有多么伤人，而是因为他的内心过于紧绷，对自己的要求和期望太高。当我们的内心对某些事情格外在意时，外界的任何一句话都容易被放大、误解，变成一种对自我价值的挑战。

当人们对某些方面过于执着时，内心的紧张状态会让我们过度解读外界的信息。小陈本来只是听到了一句随口的玩笑，但由于他对自己身材管理的高度重视，这句话像是击中了他内心的某个敏感点，瞬间引发了他的自我怀疑和情绪焦虑。这种过度的反应并不是偶然的，而是内心紧绷的结果。

紧绷的心态让我们无法轻松应对生活中的小事。对于小陈来说，健身已经不再是一种单纯的爱好，而变成了一种自我形象的证明。因此，当有人稍微质疑他的体型时，哪怕只是玩笑，他也会感到自己的努力和成果受到了挑战。这种心理压力导致了他将无心之言当作对自己人格和价值的评判，进而陷入焦虑和情绪失控。

别多想，小心瀑布溅起的水花

瀑布从上方平静地流淌下来，但到了下方，却激起层层水花，景象壮观。这种现象也反映在人们的心理互动中：一方可能在心态平静的状态下，随口说出一些话语，并不带有特殊情绪或意图，而听者在接收到这些信息后，却引发了心理波动，就像瀑布下方溅起的水花一样，这就是心理学上的"瀑布心理效应"。

在人际交往中，常常会出现这种情况。发言者随口的一句话，可能出于无心，但听者却因为内心敏感，或过度解读这些话，进而产生情绪波动。就像一颗小石子投进水里，激起千层浪般，信息传播过程中，平静的表象下可能引发巨大的情绪反应。

那么，我们该如何应对"瀑布心理效应"，避免情绪的"水花"溅起呢？

首先，不要过度解读他人的言语。当我们听到模棱两可或无心的评论时，不要第一时间朝负面方向解读。将言语从情绪中剥离出来，用理性的态度去看待他人无心的话语，能够减少不必要的情绪波动。

其次，培养自信心，减少对外界评价的依赖。很多时候，"瀑布心理效应"之所以发生，是因为我们内心对某些事情不够自信，容易受到外界的影响。如果我们对自己的能力有足够的信心，就不会因为别人的一句话而轻易动摇。因此，培养自信心，能够帮助我们在面对外界评价时保持稳定的情绪。

最后，培养松弛感，保持心态平和。松弛感意味着用更轻松的态度看待生活中的言语刺激，不再轻易地为每一件小事而产生情绪波动。通过放松心态，可以减少对外界信息的敏感度，避免每一句话都变成内心波动的导火索，减少不必要的情绪负担。

通过调整心态、学会自我调节，我们可以避免这些言语引发不必要的情绪反应，保持内心的平静与松弛。

第四章
认清自己，才能活得松弛自在

☺ 第一节　别在迎合中迷失自我

　　有时候，我们会为了避免冲突、博取他人的好感而不自觉地迎合别人。这种迎合的过程里，最初可能只是想获得一些认可或避免让别人失望，然而随着时间的推移，你会发现自己逐渐放弃了真实的自我，总是顺从别人对你的期待。讨好别人的习惯让你在不知不觉中做着自己并不喜欢的事，内心的需求被压抑。这样的日子久了，你不仅无法取悦所有人，反而会迷失自我。

性格温和的小王在初入职场时，总是想要与同事们建立良好的关系，每当同事需要帮忙，他总是第一个站出来，不管是工作上的协助，还是帮忙加班，甚至是替人签到，他都从不拒绝。起初，同事们对小王这种乐于助人的态度十分赞赏，他也因为"好人"的形象在公司里赢得了不少好评。

但时间一长，小王发现自己几乎没有了个人时间。每天都在忙于帮助别人处理问题，完成额外的任务，他自己的工作反而堆积如山，压力越来越大。更让他沮丧的是，他开始觉得自己似乎并不是因为能力被认可，而是因为总是顺从别人。尽管心里充满了怨怼与疲惫，但每当同事再次提出请求时，小王依然不好意思拒绝。这时他才意识到自己已经完全偏离了初衷——原本是为了与同事建立良好关系，最终却让自己成了不懂拒绝的"老好人"。

讨好别人的行为表面上看似获得了短暂的和谐，但长久下来却会让你自己感到疲惫、焦虑。每次为了避免他人失望而违背自己的意愿时，都是在逐渐迷失自我，最终变得不再清楚自己真正想要的是什么。内心的声音被外界的期望掩盖，讨好别人成了你生活的主旋律，而你也在迎合中渐渐迷失了自我。

讨好别人，其实是在伤害自己

长期讨好别人的人，会逐渐形成一种"我必须让别人满意"的思维定式，而这种思维模式会让人忽略自己真实的感受和需求。更深层次的问题在于，讨好别人会让人陷入一种内在的矛盾和失衡状态。每次为了满足别人的期望而违背自己的意愿，都是在一次次否定自己的真实需求。这种自我压抑不仅会导致负面情绪的积压，还会损害个人的自尊心和自信。久而久之，讨好别人变成了一种"讨好成瘾"，而自己的需求则永远被搁置一旁。

此外，讨好行为还会引发恶性循环。一次又一次地迎合别人，只会让他人不断提出更多的要求，而你为了维持这种和谐和表面的认可，不得不持续地增加自己的付出。长此以往，别人会越来越习惯你的"配合"，甚至会把你的付出当作理所当然。这不仅会让你感到内心的失衡，也会让人际关系变得越来越不平等。

这种模式最终会让人产生巨大的心理压力。表面上看，讨好别人是为了获得认可和好感，但长期的自我牺牲让内心的疲惫和焦虑不断累积，最终可能引发严重的心理问题，比如焦虑、抑郁，甚至让人失去对生活的热情。所以说，讨好别人不仅不会让自己获得好处，反而会伤害到自己。

摆脱讨好型人格，收获松弛感

家庭治疗专家萨提亚曾提出，人们的沟通方式分为五种：指责型、讨好型、超理智型、打岔型和表里一致型。讨好型人格便是从讨好型沟通中拓展出来的一种个性特征。萨提亚认为，父母和孩子之间从小建立的紧密关系，尤其是父母对孩子的要求和期望，能够深刻影响孩子未来的沟通方式和自我认知。如果孩子从小通过讨好父母来获得关注和认可，长大后，他们很可能会在生活和工作中继续沿用这种讨好策略，以避免冲突和满足他人期望。

讨好型人格的核心特征主要是压抑自我、隐藏真实情绪、回避冲突。具有这一个性特征的人，总是习惯性地忽视自己的需求，甚至害怕表达自己的想法，因为他们担心一旦说出自己的真实感受，会遭遇拒绝或失去他人的喜爱。他们的自我价值感普遍较低，所以常会通过自责来维系关系，他们常常会说"这都是我的错""我只想让你开心"诸如此类的话语。他们会表现出过度的友善，甚至习惯于乞求别人的怜悯与宽容。这种沟通方式让他们总是处于被动的位置，长此以往，会让他们失去对自我的认知和掌控。

具有讨好型人格的人往往承受着巨大的心理压力，总是担心自己不够好、担心让别人失望。培养松弛感可以帮助我们减少对外界过度关注的焦虑，减少对他人评价的敏感度。拥有松弛感，有助于我们在面对人际关系时更加从容，不再因为害怕失去他人的认可而感到紧张和焦虑。

在培养松弛感之外，还要重视自我需求，重新建立自我认同。讨好型人格的人之所以压抑自己，是因为他们没有足够的自我认同感，常常依赖他人的评价和认可。要摆脱这种行为模式，首先要学会倾听内心的需求，重视自己的感受。问问自己真正想要什么。通过关注自己的需求，可以逐步建立起对自我的认同感，减少对他人认可的依赖。

对于具有讨好型人格的人来说，学会拒绝是一种重要的自我保护手段。拒绝并不是一种冷漠或自私，而是对自己需求的尊重。设定清晰的界限，明确自己能承受的任务量和情感范围，不让别人的要求无止境地侵占自己的时间和精力，也是摆脱讨好型人格的重要手段。

当你不再一味地迎合别人，而是重视自己的需求和感受时，你会发现生活中的压力减少了，自己的内心也变得更加松弛自在。

☺ 第二节　扮演好自己的角色

每个人的人生都如同一场有多重角色的舞台剧，随时间的推移，你的身份和职责也会发生变化。然而，许多人却没有意识到这一点，依旧在错位的角色中生活。比如，在职场上已经是管理者的人，仍像初入职场的小兵，凡事都习惯于听从上司指示，不敢主动决策；而一些为人父母的人，却没有意识到自己的行为和言语会对孩子产生深远的影响，依旧像个顽童般面对生活。

小张今年 35 岁，已经工作了十多年，但他依旧习惯性地把重要决定推给父母，无论是买房、投资，还是生活中的琐事，都要征询父母的意见。他不敢独立面对复杂的决定，总是希望父母能帮他拿主意。在自己的小家中，作为一位父亲，小张在孩子面前，更像一个"玩伴"，总是陪孩子玩耍，却很少在孩子面前扮演教育者或榜样的角色。

每当孩子调皮不听话时，小张就会躲在一旁，将管教的责任推给妻子，而自己则不愿意承担更多的家庭责任。这样的生活模式让小张感到轻松，但他的父母却越来越疲惫，妻子也对他的逃避行为感到不满。

一天，小张的父亲突然病重住院，家中的事务一下子全压在了他和妻子的肩上。这时，小张才意识到，自己一直以来都在扮演一个错误的角色——他并没有成为家庭的坚强支柱，反而像个孩子一样依赖父母。面对这突如其来的巨大的压力和责任，小张感到无所适从。

很多时候，角色错位不仅让我们无法承担应有的责任，也会影响身边的家人、朋友和同事。当我们不清楚自己的角色时，生活中各方面的关系会变得混乱，甚至会让我们在关键时刻感到无所适从。

角色错位，是心理不成熟的表现

心理不成熟的人往往缺乏对角色的清晰认识，无法适应自己在不同阶段应有的角色转变。小张一方面在工作和生活中依赖父母的决策，另一方面在面对家庭和孩子时，没有意识到自己作为父亲的榜样作用，无法承担起教育和引导的责任。这种角色错位不仅让他逃避了应有的责任，也让他的家庭关系失衡，妻子承担了过多的责任。

一个人无法适应自己的身份变化，往往是因为他们害怕承担责任，或者对自己的能力缺乏信心。因此，他们更愿意继续停留在自己熟悉的"安全区"——即依赖父母或其他权威人物做决定，而不是独立面对问题。这不仅限制了个人成长，还会影响他们在社会和家庭中的地位和关系。

成熟的心理状态意味着能够清晰地认识到自己在生活中的责任和角色，并且主动去承担这些责任。反之，角色错位则反映出一种心理上的停滞，无法顺应生活的变化，依然固守在过往的行为模式中，不愿意接受成长带来的责任与挑战。依靠这种方式获得的松弛，并不是真正意义上的松弛。

发挥"角色效应"作用，成为更好的自己

在现实生活中，人们通常会因为所扮演的不同社会角色而展现出不同的心理状态和行为，这种现象被称为"角色效应"。一个人一旦进入某个角色后，他的行为模式以及心理状态都会随之调整，进而产生积极或消极的变化。

多年前，日本心理学家长岛真夫及其团队，在小学五年级的一个班级里开展了一项关于"角色效应"的实验。他们精心挑选了八名原本在班级中存在感较弱的学生，让他们承担班级委员的职责，并在他们履行职责的过程中给予了恰当的指导。经过一个学期的实践，长岛真夫团队发现，这些学生在班级中的存在感显著增强，且在接下来的第二学期班干部选举中，有六人成功连任班级委员。

更让人意外的是，这些学生在性格特质上也发生了引人注目的变化。他们的自尊心、情绪稳定性、沟通力、协调组织能力以及责任感

均有了显著提升。实验结果显示，通过为这些学生赋予新的角色，不仅让他们的行为和心理状态得到了积极的转变，而且这一变化还波及到整个班级，使得班级的整体氛围变得更加活跃。

由此看出，"角色效应"会影响我们对自我的认知，并引导我们去履行与该角色相符的责任和义务。除此之外，它还会让人产生责任感和认同感，从而推动自我提升。通过理解和运用"角色效应"，我们可以在不同的社会情境中更好地扮演自己的角色，推动自我发展。

那么，如何运用"角色效应"，成为更好的自己呢？以下是一些具体的方法。

首先，接受并适应角色的责任。无论你在生活中处于什么角色——员工、领导、父母或子女，首先要做的就是接受这一角色并理解其责任所在。意识到每个角色背后所需要承担的责任，可以帮助你更好地适应角色的需求，并在行为上做出调整。

其次，自觉塑造与角色相符的行为。角色不仅影响我们的心理状态，也会促使我们表现出符合该角色的行为。通过主动塑造与角色要求相匹配的行为习惯，你可以逐渐将这些行为内化为自身的一部分，从而提升自我的表现。例如，作为父母，你要提升教育孩子的技巧和耐心。通过这种自觉的行为塑造，你会变得更加适应自己的角色，甚至超越它。

最后，保持灵活性，适应不同角色的切换。我们在生活中往往需要扮演多种角色，这就要求我们具备一定的灵活性。工作中你可能是领导者，而在家庭中你是父母或子女。学会在不同情境下灵活切换角色，并及时调整自己的行为方式，可以帮助你更好地平衡生活中的多重责任。

真正的松弛感并不是躲避责任，而是通过承担应有的责任来获得心灵上的自由与平和。只有当我们在各自的角色中尽责尽力，才能放下心中的焦虑与不安，获得真正的松弛和自在。

☺ 第三节　不欺骗别人，更不能骗自己

当追求的目标无法实现，或需求得不到满足时，许多人会选择用各种借口安慰自己，让自己松弛下来，减轻失落感，比如说服自己"其实我不需要那个东西"或"这没什么大不了的"。这种自欺欺人的方式的确能够在短时间内缓解负面情绪，避免情感的剧烈波动。然而，这种方式往往只是一时的自我安慰，无法解决内心深处的矛盾，反而可能让积压的情绪在未来的某个时刻爆发。

小赵是一位年轻的销售员，最近公司宣布了一项月度销售冠军的竞赛，奖金非常丰厚。小赵一直对成为销售冠军心动不已，深知这是一个展示自己能力的好机会，但他心里也清楚，要想拿到冠军就意味着必须付出更多的努力，牺牲很多休息时间。

刚开始，他也想拼一把，但随着比赛的进行，他渐渐放松了对自己的要求，很多本该跟进的客户也没再努力争取，更没有去开发更多

潜在的客户。为此,他告诉自己:"不就是个奖金嘛,工作不应该这么拼,还是要松弛一点才对。"于是,他没有尽全力去争取,心安理得地放慢了脚步。

竞赛结束时,他的一位同事顺利夺得销售冠军,并且得到了奖金和领导的认可。小赵虽然表面上跟同事们说自己根本不在乎这个结果,还笑着说:"那家伙忙得焦头烂额,我还是更喜欢这样轻松自在的生活。"但其实每当看到这位同事在公司受表扬时,他的心里总有些说不出的失落和懊悔。

当小赵告诉自己"工作不需要这么拼"时,他实际上是在用这种借口掩盖自己未尽全力的事实。他也许是害怕面对努力后依然失败的可能性,也许是不愿意承担额外的责任与压力。通过不断重复这些安慰话语,他暂时避免了内心的冲突与不安,但这只是推迟了面对现实的时间。自我安慰虽然能带来片刻的松弛,却无法让他真正从失落中解脱。

过度的自我安慰,就是自我欺骗

适度的自我安慰在短期内确实能缓解焦虑与失落,但如果过度依赖自我安慰,最终就会演变成一种自我欺骗。过度自我安慰之人往往会通过降低目标的价值,来减轻未能达到目标的负面情绪,但这同时也在阻碍他们前进的脚步。长期的自我欺骗会导致他们对自己的评价和期望不断降低，逐渐失去挑战自我的动力和勇气。

更严重的是，自我欺骗会让人陷入一种虚假的舒适区，久而久之，它不仅压抑了我们面对现实的能力，还会形成一种习惯性逃避的心态。我们越来越依赖这些借口来解释自己的不作为，甚至开始相信这些借口是真实的，从而错过了提升自己的机会。

真正的松弛感来自于对现实的正视，而不是自我欺骗。只有当我们能够坦然面对自己的懒惰、懈怠与失败，接受现实中的不足，才能在不断努力中找到内心的平静和满足。通过面对内心的真实感受，而不是逃避它们，我们才能避免陷入自我欺骗的恶性循环，找到更深层次的松弛感。

少吃"酸葡萄"，拥抱真实的自我

从前有一只狐狸，很想吃树上挂着的几串葡萄，但因为葡萄长得太高，它怎么跳都够不着。无奈之下，狐狸放弃了，转身离开时，嘴里自言自语道："这些葡萄肯定是酸的，根本不值得吃。"

当我们无法获得想要的东西时，往往会通过贬低它的价值，来减轻内心的失望与挫败感，这就是心理学上的"酸葡萄效应"。

"酸葡萄效应"能帮助我们暂时避免心理上的负担，减轻了无法达成目标带来的挫折感。因此，偶尔吃一点"酸葡萄"是可以的，但如果习惯性地使用这种方式，只会让我们陷入一种自我欺骗的循环，最终远离真实的自我和真实的需求。

想要避免陷入自我欺骗的恶性循环，首先要正视失败与挫折，不要急于给自己找借口或者降低目标的价值，而要勇敢面对自己的情绪。承认失败和挫折是成长的一部分，坦然接受这些会让我们更有勇气面对下次的挑战。

失败并不意味着终点，反而是重新审视自己的机会。通过反思，我们可以找到不足，调整自己的行动策略，继续向目标前进，而不是简单地否定它。我们还要学会用更加积极的方式面对无法获得的事物。与其贬低那些得不到的东西，不如思考自己可以从中学到什么，如何在未来提升自我，让自己更有能力去争取。

拥抱真实的自我，就是要不欺骗自己，真正理解自己的需求和能力。通过不断挑战自我、承认不足，我们可以拥抱一个真实的自我，而不是通过自我安慰来躲避生活中的挫折和压力。

少吃"酸葡萄"，意味着我们要学会接受现实，正视内心的真实感受和需求，只有这样才能让自己不断进步，活得更加松弛自在。

☺ 第四节　找到自己的优点，别总盯着别人

在生活中，很多人习惯性地拿自己的短处与别人的长处做比较。这种比较方式往往让他们陷入一种负面的情绪循环中，逐渐对自己失去信心。他们总是看到别人更优秀、更成功的一面，导致自己变得更加焦虑和不安。

毕业几年后，小张在一家中小企业做着一份稳定但并不是特别出色的工作。每当他打开社交媒体，看到同学们在朋友圈晒出的生活时，他的心情总是变得很复杂。有些同学已经是创业成功的老板；有些同学在大公司担任高管，时常出国出差、参加各种高端会议。朋友圈里，大家的生活似乎都充满了光鲜与成功，而小张则依然只是一个每月拿着固定工资的"打工人"，每天都要为了完成基本的工作任务忙碌，职业道路也看不到太多的发展前景。

小张变得越来越羡慕那些同学的成就，觉得自己远远落后于他们。每当看到同学们晒出新的成就，他的自信心就会下降一分，觉得自己不够优秀，也没有实现理想中的成功。为了追赶这些看似光鲜的生活，小张也试着模仿他们的做法，比如延长加班时间、拼命提升业绩，但他内心的焦虑和压力却越积越重。

随着负面情绪不断累积，小张开始怀疑自己的价值，觉得无论怎么努力，自己似乎总比别人差了一截。

在社交媒体高度发达的今天，我们随时随地都能看到他人的成就与光鲜生活，这使得负面情绪的产生变得更加普遍。越是看到别人过得好，就越觉得自己过得不好，最终让自己的内心变得越来越紧绷、越来越焦虑。

总是盯着别人，容易忽略了自己

当我们总是关注别人的生活、成就时，容易忽略自己独特的优势。小张的故事其实反映了许多人在现代社交媒体时代常见的心理状态，一直盯着朋友圈里他人展示的成功和光彩，却没有意识到这些可能只是他人生活中的某一部分，而非其全部的真实写照。

这种比较会让人陷入无谓的焦虑和自我否定中，特别是在社交媒体上，我们看到的往往是别人精心挑选出来的成功瞬间，却无法看到他们背后的努力、挫折和失败。长时间处于这样的比较中，容易让人低估自己的价值，陷入"我不够好"的思维陷阱。

此外，盯着别人的优点或成就，还会让我们忽略自己已经取得的进步。每个人的成长路径不同，成功的定义也不尽相同。如果我们仅仅以别人的成功为参照，便会失去对自己独特价值的认同，陷入自我怀疑和焦虑的恶性循环。

总是拿别人的"高光时刻"与自己日常的努力做比较，不仅会让我们忽视自己真实的进步，还会让我们失去自信。与其盯着别人的成功，不如专注于发现自己的优点和独特之处，找到属于自己的成长节奏和价值所在。

放松一些，你也可以成为"瓦拉赫"

奥托·瓦拉赫的成长经历颇为波折，早年间，按照父母的意愿，他一头扎进了文学领域，但在中学的一个学期后，老师的评价让他意识到这条路可能并不适合自己。于是，他又将目光转向了艺术领域，特别是油画创作，尽管付出了极大的努力，但他在绘画上的表现始终不尽如人意，学校的评价也让他心灰意冷。

就在这时，他的化学老师觉得他的严谨与专注非常适合化学实验。于是，在老师的建议下，瓦拉赫决定专注于化学学习。没想到，这一尝试竟然发掘了他的潜能。在化学领域，他逐渐展现出了卓越的才华，最终成为一位公认的化学天才，并获得了诺贝尔奖。

心理学中的"瓦拉赫效应"正是源于化学家瓦拉赫的故事，它指的是，个体的智力和才能发展并不均衡，每个人都有自己的强项和弱项。一旦发现并专注于自己的优势领域，个人的潜力将得到充分的发挥，最终取得超出预期的成绩。这一效应告诉我们，每个人都有属于自己的"最佳智能点"，关键在于找到并发展它，而不是盲目地与他人的长处做比较。

因此，我们不应总是盯着别人的优点而忽略自己的优势，我们每个人都有不同的"智能最佳点"，找到并发展它，才是走向成功的关键。

欣赏他人的成功与优秀，并不意味着要以此作为衡量自己的唯一标准。每个人的成长路径不同，重要的是找到适合自己的道路，而不是复制他人的成功。通过不断提升自己来获得成长，而不是一味模仿或与他人比较。专注于自己感兴趣的领域，找到属于自己的发展方向，才能真正进步。

自信心和松弛感是我们对抗外界干扰的有力武器。自信来自于对自我能力和价值的认可，培养内在的自信心，能够帮助我们减少与外界比较带来的焦虑和压力。松弛感则可以让我们更从容地看待外界的干扰，不因其变化而出现太大的情绪波动。

我们应该像瓦拉赫一样，专注于发掘自己的长处，最终在属于自己的领域中取得出色的成绩。这种方法不仅能让我们摆脱负面情绪，还能更好地成就独特的自己。

☺ 第五节　没有谁可以一直让你依赖

许多人之所以无法真正获得松弛感，是因为他们太过依赖别人。他们总是把自己的安全感、幸福感建立在他人身上，甚至经常受到他人情绪的影响，无法独立面对生活中的问题。这种依赖心理让他们时刻担心别人是否在意自己，担心失去依靠，因此很难感受到内心的平静和满足。

小玲和男朋友小华在一起已经三年多了。小玲非常依赖小华，日常生活中的大小事情几乎都要征求他的意见。无论是工作上的烦恼、生活中的琐事，还是朋友之间的纠纷，小玲都会第一时间找小华倾诉，希望他能帮忙解决。渐渐地，小玲几乎把自己的情绪完全寄托在小华身上，每当小华的回应没有达到她的期望时，她就感到非常失落，甚至怀疑两人之间的感情。

一天，小华因为工作忙碌，没有及时回复小玲的消息，小玲顿时感到焦虑不安，甚至忍不住胡思乱想，认为小华可能对她的关心减少了。她不停地打电话、发信息，希望获得小华的回应，但小华实在太忙，无法立刻回应。小玲的情绪逐渐失控，觉得自己被忽视了，晚上回家后便跟小华吵了起来。

小玲指责小华不再关心她，小华则觉得小玲总是无理取闹、依赖性太强。争吵升级后，小华提出了分手。虽然小玲在气头上答应了分手，但内心却十分不舍，分手后她仍然频繁给小华发信息，想要挽回这段感情。尽管小华也并不是真的想要分手，但考虑到小玲对自己的依赖，已经让他喘不过气来，小华也不知道该如何是好。

当一个人过于依赖他人，内心就会变得紧张而不安，逐渐失去了独立处理问题的能力，变得日益焦虑。小玲不仅在日常生活中过度依赖男友，还将自己的情绪和安全感完全寄托在男友的反应上，导致她失去了自我调节情绪的能力。这种行为模式让她在男友无法及时回应时陷入了情绪崩溃的状态。

过度依赖，可能是一种人格障碍

在恋爱关系中，依赖伴侣的支持和情感上的互动是很正常的，但当这种依赖逐渐变得过度时，就可能会发展为一种更深层次的心理问题，甚至是人格障碍，即依赖型人格障碍。

依赖型人格障碍的特征在于，个体对他人的依赖感极强，无法做出独立的决定，情感上高度依附于他人，并对被抛弃或孤立的恐惧十分敏感。这种人格特质导致他们在面对生活问题时，无法独立面对和解决，一旦失去依赖对象，他们的情绪就会陷入混乱甚至崩溃。

依赖型人格障碍会让个体在生活中难以形成健康的独立性，无论是情感上还是决策上，他们都需要依靠他人来满足自己的需求。长此以往，他们的自信心会不断被削弱，变得越来越依赖他人的支持和认可，甚至丧失独立解决问题的能力。在恋爱关系中，一方不断的情感需求和过度依赖会给另一方带来沉重的压迫感，最终导致关系破裂。

在前面的故事中，小玲不仅在工作和生活事务中对男友产生了极度的依赖，甚至连自己的情绪调节都完全依赖于男友的反应。这种过度依赖让她的自信心和情感稳定性严重依赖于外部因素，一旦男友无法及时回应或提供情感支持，她就会感到不安和恐惧，进而产生激烈的情绪反应，导致两人频繁争吵。

另外，依赖型人格还会让个体在面对分手或失去依赖对象时难以承受这种失落感。小玲虽然和男友吵着分手，但她依然无法真正放下，表现出对这段关系的极度不舍。这种无法独立的情感需求让她无法处理感情中的问题，也无法在失去依赖对象后独自面对现实，进而陷入更深的焦虑和痛苦中。

摆脱依赖心理，重获松弛感

在心理学中，依赖心理指的是个体在情感、行为或决策上，过度依赖他人的支持和帮助，难以独立解决问题。这种依赖不仅表现在亲密关系中，还可能在工作、家庭或社交中出现。依赖心理的主要表现是个体缺乏自信，常常感到自己无法独自面对生活中的挑战，迫切需要外界的认可和帮助来获得安全感。这种心理一旦发展到极端，就可能演变为依赖型人格障碍，让人失去独立性，过度依赖他人的情感支持，无法自主调节情绪。

因此，摆脱依赖心理，重获松弛感，是让自己走向独立、减少外界对情绪的干扰的关键。那么，我们该如何应对依赖心理呢？

首先，要端正自我认知，培养自信心。依赖心理往往源于对自己能力的不信任。因此，端正自我认知是摆脱依赖的第一步。学会认识自己的优点，承认自己的不足，但也不放大它们。通过逐步完成独立的任务，增强自我效能感，可以让你在处理问题时更加自信。

其次，要建立内在的情感安全感。情感依赖的根源是缺乏内在的安全感，通过培养自我调节情绪的能力，可以减少对他人情绪反馈的依赖。学会自我安抚，面对情感波动时，不再过度依赖外界的帮助，而是通过内在的力量来平复情绪，有助于减少依赖感。

最后，要减少对他人情绪的敏感度。过度依赖的人通常对他人的情绪和行为过于敏感。减少对他人反应的过度关注，有助于保持情感的独立。别人的情绪并不完全与你有关，逐步建立起内心的松弛感，才能不让他人的情绪波动影响到自己。

摆脱依赖心理并不是一蹴而就的，但通过逐步端正自我认知、培养自信心和独立能力，你可以逐渐走向心理上的独立，减少对他人的依赖，重获内心的松弛感。

☺ 第六节 别把自己放在聚光灯下

在生活中，许多人总是感到内心紧张、无法松弛，是因为他们总是无意中将自己的问题和不足过度放大。他们时常觉得自己被他人关注，认为自己的每一个举动、每一个失误都会被他人放大检视。这种心理让他们产生焦虑，害怕出错、担心他人的评价，从而无法放松心态，内心一直紧绷。

小李是个性格内向的人，刚刚参加了公司组织的一次团队聚餐。因为平时话不多，他在聚餐时一直保持安静，只偶尔回应同事们的聊天。吃饭时，一位同事突然问他对新项目的看法，小李因为紧张，回答时有些结巴，话也说得不够清楚，还把嘴里的食物喷了出来。虽然大家都没在意，但在聚餐结束后，小李心里一直回想着那个瞬间。

小李觉得自己在大家面前表现得很尴尬，认为同事们肯定对他的印象不好，觉得他不会表达、不自信。他越想越懊恼，甚至怀疑自己在公司难以融入团队。他害怕下次再遇到类似的社交场合，更担心自己会被同事孤立。

接下来的几天，小李在公司里一直觉得同事们对他的态度有些冷淡，虽然实际上大家对他并没有特别的反应，但他总觉得自己已经被贴上了"小丑"的标签。这种感觉让他心情沉重，无法放松下来，甚至影响了他的日常工作状态。

当小李在聚餐中因为紧张而出丑时，他的内心迅速放大了这个小小的失误，认为自己在同事们心中留下了负面印象。实际上，这不过是一次普通的失误。然而，小李却陷入了对自我表现的过度反思和批判，认为自己在大家面前呈现出的状态是尴尬和不自信。这种过度放大问题的心理，会让人始终处于紧绷的状态，无法真正松弛下来。

放大自己的问题，会让心态紧绷

小李因为一个简单的交流失误，陷入了自我怀疑，甚至开始相信自己在人际关系中的表现总是不到位。这种心态，不仅让他感到焦虑，还阻碍了他与同事之间自然的互动。

总是放大自己的问题，还可能引发一系列负面情绪。当我们把自己的一次小错误或失误放大时，往往会产生对自己的不满，进而影响自尊心。像小李一样，他只是因为一次紧张的对话就开始怀疑自己的社交能力，害怕与同事们互动，甚至觉得自己无法融入团队。这种对失误的过度关注让他无法放松心态，反而在工作中更加焦虑和紧张。

此外，放大自己的问题还会让我们陷入一种无意义的循环。我们不断重复地思考、反省，却找不到真正的解决方案，因为问题往往并没有我们想象得那么严重。由此而产生的心理压力不仅会让我们感到疲惫，还会让我们在面对新的情况时更加不自信，害怕再次出错。最终，放大问题不仅无益于我们改进，反而会加重我们的焦虑，让自己陷入紧张的情绪中，难以摆脱。

放松一点，别总拿"聚光灯"照自己

1999 年，康奈尔大学心理学教授汤姆·季洛维奇和美国心理学家肯尼斯·萨维斯基一同进行了一项实验。在实验中，他们要求受试者穿上一件印有过气歌星头像的 T 恤，走进已有 5 人的房间。接着，他们询问穿 T 恤的受试者，觉得有多少人注意到了这件 T 恤。大多数受试者认为有超过一半的人注意到了他们穿的 T 恤。然而，当他们询问房间里的其他 5 人时，结果显示，只有大约 10% 的人实际上看清楚了 T 恤上的图案。

通过这个实验，季洛维奇和萨维斯基认为，人们往往过于在乎与自己相关的事物，认为自己的存在和行为会被他人密切关注，实际上这种关注度远远低于他们的想象。这种现象就是"聚光灯效应"。

"聚光灯效应"反映了人们在社交场合中容易高估他人对自己言行的关注度，常常因为过度关注自己而产生不必要的焦虑和紧张。这种心理现象让人误以为自己的一举一动都被他人放大观察，导致人们在面对生活、工作或社交场合时感到紧张和不自在。长期处于这种状态下，内心的压力会不断增加，导致人们难以保持松弛感。

那么，我们该如何应对"聚光灯效应"，减少不必要的紧张和压力呢？

首先，我们要认识到他人关注的有限性，意识到别人并不像你想象的那样关注你。大多数时候，人们更专注于自己的事情，对你的一些小失误或小尴尬并不会花太多心思。理解这一点，可以帮助你放松心态，减少对外界评价的过度担忧。

其次，要正确看待自己的失误，以轻松心态应对。每个人都会犯错，重要的是学会接受这些小失误，而不是过度放大它们。犯错是生活的一部分，别人也有犯错的时刻。与其反复回想自己的失误，不如学会从中吸取教训，轻松地面对并迅速调整。

最后，学会分散注意力，减少对自我的关注。在公共场合或社交活动中，试着把注意力从自己身上转移到周围的环境和他人身上。通过关注他人的言行或互动，来减少对自己行为的过度关注，可以有效缓解紧张情绪，让自己放松下来。

　　过度放大问题实际上是在制造无谓的压力，它让我们把注意力从生活和工作中真正重要的事项上转移到那些微不足道的细节上。要想摆脱这种心理束缚，就要减少对小失误的过分关注，别总是放大自己的问题，这样才能让自己在生活中保持更加松弛的心态。

第五章

让别人舒心，也别委屈了自己

☺ 第一节　不要因为别人，而改变自己

当你正在和朋友们轻松地聊天，气氛非常放松时。突然，身边有人开始注意你，你顿时感到一股无形的压力，并开始调整自己的坐姿，话语也变得更加谨慎。这种情景是不是很熟悉？很多时候，我们在人群中，尤其是在意识到自己正被他人观察时，会不自觉地调整自己的行为、言辞，甚至表情。我们渴望在别人眼中留下好的印象，于是刻意改变自己，而使自己变得不那么自在。

　　小王是公司销售部的"开心果",平时性格开朗,总是活跃在各种聚会和活动中。在部门内部的团建活动中,小王经常带动气氛,大家都很喜欢和他一起玩。然而,这次部门团建,情况与以往不同,公司的一位大领导也来参加了。因为平时大家和这位领导接触不多,以至于他的到来瞬间让气氛有些拘谨。

　　刚开始,小王依旧尝试带动大家,开着玩笑,和同事们打成一片。然而,当他发现大领导一直在旁边看着时,他逐渐变得小心翼翼,连说话的语气都开始变得不自然。活动中,原本小王擅长的互动游戏,他却因为过度紧张而频频出错,甚至在一个简单的小游戏中差点摔倒,引得大家哄笑。他平时自信的样子全然不见,变得异常拘谨,完全不像往常那个活跃的小王。

　　团建结束后,小王感到十分尴尬。他觉得自己表现得太差了,不仅没有展现出平时的风采,还闹出了不少笑话。小王一边回想着自己当时的表现,一边责怪自己为什么会因为大领导的在场就变得如此拘谨。

　　在职场、社交场合,甚至家庭聚会中,我们都可能经历类似的情境。当发现自己成为"焦点"被人关注时,我们的自然表现会被"修饰",不再像一个真实的自己,而更像是在一场表演中扮演角色。这种无意识的改变看似无害,但久而久之,我们内心的松弛感也会逐渐消失,取而代之的是紧绷和焦虑。

给别人留下好印象，并没那么重要

当我们意识到自己正在被某些"重要"的人关注时，往往会不自觉地改变自己的行为，试图通过谨慎的言辞和行动来给对方留下好印象。我们害怕表现不好会影响他人对我们的看法，尤其是在工作场合，觉得一个小小的失误可能会被放大，从而影响职业前途。

然而，事实上，给别人留下"完美"的印象并没有我们想象得那么重要。大多数人都忙于自己的事情，更多的是在专注自己的表现，而不是对别人的每一个细节做出深刻的评价。正如小王在团建活动中的表现，虽然他因为紧张闹出了笑话，但对于大领导和同事们来说，这可能只是一次普通的互动，甚至会在不久之后被大家忘记。

过度在意给别人留下好印象，往往会让我们变得拘谨、不自然，甚至失去原本的自我。小王平时自信开朗，但因为太过在意大领导的目光，结果反而无法表现出自己的长处，而变得紧张和笨拙。

事实上，真正的好印象来自自然、自信的表现，而不是刻意地迎合。过度努力给别人留下好印象，反而容易让自己紧张出错。为了迎合他人的目光，而去改变自己，不仅会让自己变得不自在，而且还可能得不到别人的理解和重视。

摆脱"霍桑效应"，自信做自己

20世纪20到30年代，美国哈佛大学心理学家乔治·梅奥在西部电力公司霍桑工厂进行了一系列实验。这些实验的初衷是研究工作条件（如照明、福利等）对员工工作效率的影响。然而，研究人员发现，无论工作条件是否改善，工人在感觉自己受到关注时，工作效率都会提高，甚至在照明变差或福利取消的情况下，依然保持高效工作。这一现象表明，人们在被他人关注时，会因为想要表现得更好而改变自己的行为。

尽管该现象最早由乔治·梅奥发现，但"霍桑效应"这一术语却是在20世纪50年代由亨利·兰斯伯格尔正式提出的。此后，"霍桑效应"被广泛应用于心理学、教育学、管理学等领域，它揭示了人们在被观察或感到被关注时，往往会有意无意地调整自己的行为，以期获得他人的认可这一独特现象。

虽然适度的行为调整在某些情况下的确是有益的，但过度依赖这种"表现心态"会让我们陷入不必要的压力和焦虑中。我们会因为太在意别人的目光，变得不自然，甚至失去自我。因此，要获得内心的松弛感，就要学会摆脱"霍桑效应"，做回真实的自己。

那么，具体应该如何做呢？

首先，要认识到"他人对你的关注并没有你想象得多"这一事实。大多数时候，其他人并不是你想象中那样密切关注你的每一个行为和表现。每个人都在忙于自己的生活，真正花在关注他人身上的时间其实很少。认识到这一点，你就能减少自我监控的压力，放下对外界过度关注的焦虑。

其次，要专注于自我表达，而非他人反应。与其一味担心他人对你的看法，不如专注于表达自己真实的想法和感受。无论是在职场还是社交场合，展现真实的自我，不仅会让自己更舒服，还能减少紧张感，赢得更多的信任与尊重。

最后，要减少对外界认可的依赖。适度的认可可以带来激励，但过度依赖外界的认可会让你失去对自我的掌控。建立自己的内在标准，不要总是为了迎合别人的期望而改变自己。相信自己，按照自己的节奏前进，才能获得内心的平和与松弛感。

真正的松弛感来自于自信的内心，当你放下对他人目光的过度在意，勇敢做自己时，你会发现生活也会变得更加轻松自在。

☺ 第二节　为别人好，也要合理适度

你是否有过这样的经历：明明是一片好心，却被别人误解，甚至引发不快。有时候，我们出于善意，想为他人提供帮助，可能会忽视对方的真实需求，而是凭借自己的主观判断，认为对方需要这种帮助。这种带有"我以为你需要"的好意，虽然出发点是好的，但很可能在无意间给对方带来压力或困扰。

小陈和小刘是同事，两人关系还不错。小陈家离公司不远，平时下班后习惯步行回家，觉得这样既能放松心情，又能顺便锻炼身体。而小刘则每天开车上班，出于好意，每次下班都会热情地邀请小陈搭顺风车。起初，小陈觉得这是好意，不好拒绝，于是搭了几次小刘

的车。

可是，随着时间的推移，小陈开始觉得有些不自在。其实他更喜欢步行，但每次小刘出于好心坚持让他搭车时，他又不太好意思拒绝，怕显得自己不近人情。小陈发现，自己渐渐失去了下班后那段享受独处时光的机会，每天不得不陪着小刘在车上聊天，结束时反而感到更累了。

有一次，小陈终于鼓起勇气委婉地表示，自己更喜欢步行回家，但小刘却笑着说："别客气嘛，开车顺路的事，不用太见外。"小陈再一次不好意思拒绝，只能继续坐上了车，心里却觉得越来越压抑，连下班都变得不再轻松愉快。

人们在关心别人时，经常陷入一种误区：我们以为自己的方式是最好的，却忘记去倾听对方真正的感受。结果是，好意不但没有带来预期的效果，反而让对方感到被干扰，甚至不舒服。

好意若超出限度，反而会让人难受

有时候，好意一旦超出了合适的限度，反而会让人感到不舒服。小刘的"顺风车"出于好心，起初让小陈感到受宠若惊，但当这份好意变成了日常习惯，且没有考虑到小陈的真实需求时，它就逐渐成为了一种负担。小陈为了不伤害同事的情感，不得不放弃自己喜欢的步行习惯，反而让下班的时光变得不再轻松，甚至感到压抑。

好意本应是温暖人心的，但如果这份好意没有限度，或忽视了对方的真实意愿，最终可能会令对方陷入两难境地，甚至感到被"绑架"在好意之中。像小陈一样，许多人常常处于接受别人的帮助时的尴尬境地——拒绝怕显得冷漠，不拒绝又让自己陷入不适。

此外，过度的好意有时还会让人产生内疚和负担感，"被关心"的心理负担远比看似的帮助更加沉重。其实，真正的好意应该建立在尊重对方需求的基础上，而不是以自己觉得"好"为标准，否则不仅不会让人感到舒服，反而会让人感到窘迫和为难。

克服"投射效应"，合理关心他人

多年前，心理学家罗斯进行了一项实验。他邀请了 80 名大学生，并询问他们是否愿意背着一块大牌子在校园里走动。结果显示，有 48 名学生同意背牌子，并认为大多数学生也会同意这么做。而那些拒绝背牌子的学生则普遍认为，只有少数学生会愿意这样做。这一实验表明，学生们无论是否愿意背牌子，都倾向于将自己的态度和选择投射到其他人身上，认为其他人和自己有着相同的想法和意愿。

罗斯进行的这一实验，正是为了研究心理学中的"投射效应"。这是一种认知偏差，指的是人们在认知他人或形成印象时，常常把自己的特点、意愿、感情和态度投射到他人身上。换句话说，我们容易根据自己的特性去推测他人的想法和行为，并且以为他人和自己有相似的性格或需求。

这种认知偏差会使我们无法准确地感知他人的真实想法和需求，而是依据自己的特点和认知来判断他人。当我们以这种方式"关心"他人时，便会出现忽视对方真实需求，甚至可能给对方带来不必要压力的情况。要克服"投射效应"，第一步是要意识到人与人之间的差异。不要以为他人和自己具备相同的特性或需求。学会辩证地看待他人与自己，理解每个人都有独特的想法、感受和需求，这是非常重要的。

要克服"投射效应"，我们还要学会放下这种"推己及人"的思维方式。尊重每个人的独特性，不要以自己的标准来衡量他人。在关心或帮助他人之前，要学会倾听。不要仅凭自己的判断就做出决定，而是通过沟通了解对方真正需要什么，避免将自己的意愿强加于人。如果对方拒绝你的好意，不要感到失望。接受对方的意愿，反而能让关系更加自然和谐。

要知道，真正的关心不仅仅是表达自己的意愿，更是基于对他人需求的理解和尊重，从而做出正确的决策。

☺ 第三节 "热冲突"可以冷处理

你有没有发现，当自己在某个瞬间急着解决问题时，事情往往会变得更加复杂？有时候，遇到麻烦事或棘手的矛盾，我们常常会本能地选择立刻处理，认为"越早解决，越早安心"。然而，越是急切地试图化解矛盾，效果就越是不理想，情绪也会越容易失控，最终不仅让问题变得更加棘手，还可能带来新的困扰。你以为自己是在灭火，但事实上，情绪上的冲动往往让你变成了"火上浇油"的人。

小赵和小倩平时的感情很好，但最近因为一件小事却吵得不可开交。小倩觉得小赵在忙工作时对自己忽冷忽热，而小赵则认为自己工作压力大，已经尽量抽空陪伴小倩了。一天晚上，小倩忍不住了，开始指责小赵不够关心她。小赵当时正因为工作上的问题心烦，一听到小倩的抱怨，情绪立刻被点燃了，双方的争吵逐渐升级。

在争吵的过程中，小赵急着为自己辩解，话语也越来越冲，小倩则因为感受到他的冷漠而越发委屈，情绪也不断被激化。结果，两人越吵越凶，最终小赵摔门而出，独留小倩一人哭了很久。

第二天，两人都感到后悔。小赵其实并不想伤害小倩，而小倩也只是想稍微表达一下自己的不满。冷静下来后，他们才意识到，昨晚的争吵其实本可以避免，如果两人能先平复情绪，而后再慢慢讨论这个问题，事情也许会有不一样的结局。

有时，在冲突或麻烦出现的瞬间，我们的第一反应就是立刻回应，生怕事情拖延会更难解决。可是，过于急迫的处理方式，尤其是在情绪高涨时，只会让问题更加复杂。

"迎难而上"可能会"难上加难"

在面对冲突时，情绪上头急着解决问题，往往只会让情况变得更糟。小赵在争吵时急于为自己辩解，试图立刻就把事情说清楚，但因为双方都在气头上，情绪已经主导了他们的对话。这种状态下的沟通，缺乏理智和冷静，结果只能是冲突进一步升级，导致问题变得更加复杂。

情绪激动时选择"迎难而上"，往往是情绪在驱使我们行动。这时，情绪会影响我们的判断力和沟通能力，使我们难以理性应对问题。就像小赵急于辩解，却没察觉到小倩真正需要的是情感安慰，而非解释。他回应得越急，冲突就升级得越快，问题就变得更难解决。

其实，很多冲突不必立即解决，特别是当双方情绪都很激动时。"迎难而上"并非总是最佳选择，有时适当退让，冷静处理，反而能为解决问题创造更有利的条件。

有些冲突其实可以"冷处理"

在中国古代，刀剑铸造是一项极其复杂且精细的工艺，工匠们需要通过锻打、加热、淬火等步骤，才能打造出锋利且坚韧的武器。在这一过程中，淬火是至关重要的一步，它直接决定了刀剑的硬度、强度和耐用性。

淬火的过程是将烧至高温的刀剑迅速浸入冷却介质中，通常是水、油或盐水。这个骤冷过程会使刀剑的内部结构迅速发生变化，从而显著提高其硬度和强度。淬火后的刀剑能更好地保持锋利性，同时具备足够的耐磨性，使其在战斗中不易卷刃或折断。

值得注意的是，淬火的技术非常讲究，冷却速度、介质的选择都直接影响刀剑的品质。如果冷却过快，刀剑可能会变脆，容易断裂；如果冷却过慢，则无法达到理想的硬度。因此，铁匠需要丰富的经验来掌握最佳的淬火时机和方法。

在物理学中，"淬火"是指将高温下的钢铁迅速冷却，使其结构更加稳定、硬度更强。通过淬火，钢铁能够变得更坚韧，避免在使用中因过度软化或脆弱而断裂。心理学中的"淬火效应"便来源于此，它是指在人的情绪高涨、冲突激烈的情况下，先暂时冷静下来，不急于处理矛盾，而是等到情绪平复后，再去寻求解决方法。正如淬火的钢铁在冷却后更为坚韧，冷处理的冲突也会因为理智的介入而变得更容易解决。

具体来说，我们可以从以下几个方面应用"淬火效应"。

当冲突发生时，情绪上头的第一反应往往是急于回应。这时，最好的做法是给自己一个暂停的机会。深呼吸，暂时离开现场，给双方一点空间，这样可以避免在情绪激动时说出后悔的话或做出冲动的决定。

如果冲突双方情绪都很激动，可以提议设定一个冷静期，约定在情绪平复后再讨论问题。这样可以确保在更理性的状态下进行沟通，避免冲突进一步升级。

在冷静期内，不妨花点时间仔细思考冲突的本质和双方的需求。为什么这个问题会让你或对方如此情绪化？通过分析问题的根本原因，你可以更好地找到解决冲突的切入点。

"冷处理"的核心在于理性沟通。等到双方都冷静下来后，尽量使用平和的语言来表达自己的立场和感受，避免指责、攻击等情绪化的语言。理性的沟通有助于解决问题，而不是激化矛盾。

通过"冷处理"，双方的关系能够像淬火后的钢铁一样，变得更为坚固和稳定。冷静下来，再去解决冲突，不仅能让问题更加可控，还能避免在冲动中犯下更多错误。

☺ 第四节　人微言轻又如何

在日常生活中，许多人容易对权威产生迷信，尤其当面对"专家""领导"或"知名人士"时，往往不自觉地放弃自我判断，任由自己被权威意见所左右。无论在职场、家庭，还是公共决策场合，权威的观点常被视作无可争议的真理。有时，即便个人见解更为合理，人们也倾向于顺从权威。这种缺乏主见与独立思考的行为，不仅削弱了人们表达自我见解的勇气，还可能导致问题偏离正确的解决路径。

小张是一名刚入职的市场分析师，尽管能力出众，但由于是新员工，他在公司中一直觉得自己"人微言轻"，不敢轻易表达自己的观点。最近，在公司的一项重要决策讨论中，小张发现了项目计划中的一些潜在问题，并提出了自己的担忧。然而，部门的权威人物——一名经验丰富的市场分析师，坚决主张按照原计划执行，认为小张过于谨慎，不必担心这些细节。

小张虽然有些不安，但在面对这位权威分析师时，他选择了沉默，并没有坚持自己的观点。几个月后，项目出现了小张当初预测到的问题，公司因此蒙受了一定损失。

对权威的迷信使我们容易在各种决策中受其影响，忽略了自己的立场与判断。而在群体压力或复杂的情境下，个人的声音往往显得微不足道，容易被权威掩盖。

迷信权威，也会迷失自己

在生活和工作中，很多人面对权威时会感到紧张，甚至不由自主地放弃自己的立场和判断。尤其是在与那些被认为"比我们更懂"的人互动时，我们常常会不自觉地将自己的意见隐藏起来，担心自己的观点不够成熟或不够正确。这种心理压力不仅让我们失去了表达自我的机会，也让我们变得更加紧绷，时刻担心自己是否会因为"顶撞"权威而遭遇不利的评价。

如果我们总是依赖他人的判断，特别是权威人物的意见，我们的内心会变得越来越紧张，生怕自己说错话或做错决定。小张就是一个典型的例子，他本来有着清晰的判断，却在权威面前退缩，导致自己合理的担忧未能充分表达出来。表面上看，他避免了与资深分析师的对立，但实际上，这种退让使他陷入了对自己的不满和后悔中。

保持内心的松弛感，意味着要相信自己的能力和判断力，尤其是在面对复杂问题时。只有当我们敢于在不同的声音中表达自己的观点，才能真正感受到一种心理上的松弛与自由。这种松弛感不是来自于盲目跟随或沉默，而是源于对自己判断的信任。即使与权威观点相左，也不意味着我们一定是错误的，敢于提出不同的看法，恰恰是自信的表现。

如果我们总是害怕挑战权威，会逐渐陷入一种过度谨慎的状态。长期如此，我们不仅会丧失独立思考的能力，还会让自己在面对决策时变得焦虑不安，失去了那种内心的轻松自在。

别让"权威的声音"影响你

一位美国心理学家曾做过这样一个实验：他将一位伪装成德语教师的人介绍给心理学系的大学生们，声称此人是从德国来访的知名化学家。然后这位"化学家"展示了一瓶蒸馏水，宣称其为新发现、带有特殊气味的化学物质，并请学生们闻到气味时举手示意。出乎意料的是，大部分学生纷纷举起了手，表示自己闻到了气味，尽管瓶中只是普通的蒸馏水。

在这个实验中，学生们因深信"化学家"的权威身份，而受到强烈的心理暗示的影响，错误地感知到了并不存在的气味。这一现象正是"权威效应"的体现。学生们之所以愿意相信权威，主要是源于两种心理倾向：一是"安全心理"，即他们相信权威人物的观点是可靠的，遵循他们的指示会让自己减少犯错的风险；二是"认可心理"，即认为服从权威的要求能获得社会的认同，因为权威的意见往往代表了某种社会规范或标准。

但实际上，权威人物也是会犯错的，权威意见也可能对我们来说并没有帮助。因此，我们要正确认识"权威效应"，辩证地看待权威人士的意见。具体来说，应该做到以下几点。

首先，面对权威人物的意见，不要轻易屈从或盲目相信。保持独立的判断力，尤其是当你感到疑虑时，敢于提出质疑并思考不同的可能性，能够帮助你更全面地看待问题。

其次，要学会倾听多方意见，避免单一视角。遇到复杂问题时，不要只依赖一个权威的意见。听取多方的看法，综合各个角度考虑，能够帮助你做出更加理性和全面的决策。

最后，权威人物的意见有时确实能为我们提供专业指导，但这并不意味着他们的观点一定是正确的。尊重他们的经验，但保持头脑清醒，不盲目服从，才能保持独立的思维和判断力。

通过理解"权威效应"，我们可以更好地在权威人物面前保持理性和松弛。不要因为对方的权威身份就放弃自己的立场，保持独立思考、敢于质疑，才能在各种场合中找到属于自己的位置。

☺ 第五节　少数不必都服从多数

当个人置身于大众之中时，很容易被他人所影响，以至于放弃自己的主见和判断。这种现象叫作"从众"，即在面对多数人的意见或行为时，个人倾向于随大流，不再坚持自己的意见，甚至在明知道多数人是错误的情况下，也会跟随他们的做法。这种心理往往源自于人们对于社会接纳的渴望和对冲突的回避。尽管我们内心可能对某个决定持有不同看法，但因为害怕与他人产生分歧或害怕被排斥，许多人选择了顺从大多数人的意见。

一天，小林和朋友们一起出去看电影。电影结束后，大家共同讨论对于影片的看法，几乎所有人都夸赞这部电影情节紧凑、演员演技出色，都认为是近期看过的最好的一部电影。小林其实并不这么认为，他觉得影片的节奏太慢、情节有些老套，但听到大家的赞美声，他开始有些犹豫。

尽管心里有不同的想法，但小林不想显得自己与大家的意见格格不入，也不想破坏朋友们的兴致。于是，当轮到他说感想时，小林违心地附和了大家的看法，称赞影片"确实挺不错的"。然而，回到家后，他仍然觉得自己不该为了迎合他人而违背自己的真实感受。

其实，小林已经不止一次这样"言不由衷"了，但为了不和大家"唱反调"，以免被视作异类，他只得一次次违背自己内心的真实想法，随波逐流，结果总是让自己感到不舒服。

小林本来对电影有自己的看法，但因为朋友们的一致好评，他选择了沉默，违背了自己的真实感受。这种行为短期内似乎无伤大雅，但如果长期如此，他的自我认知和自信心都会受到影响。

盲目跟随大众，就会丢失自我

当我们一再选择迎合他人、跟随大众时，表面上看似避免了冲突，但代价却是内心真实的需求和感受被压抑。这种行为模式长期持续，容易让我们逐渐迷失自我，变得缺乏独立的思想和判断。

盲目跟随大众不仅会让我们失去自我，还会影响我们的决策能力。当我们的所有决定都基于别人的看法时，我们的思维会变得局限，不再有勇气去质疑和反思，最终会让自己陷入一种被动的状态。久而久之，我们可能会开始怀疑自己的判断能力，觉得自己无法独立做出决定，这种不信任感会让我们在生活和工作中变得更加依赖外界的意见，最终彻底失去了自主性。

另外，盲目从众还可能导致我们错过本该属于自己的机会。生活中有很多时刻，少数人的声音或许代表着更有价值的选择，我们如果一味跟随大多数，可能会错过那些原本能够让我们走向成功的路径。正如故事中的小林，他放弃表达自己的见解，选择了和大多数人一致的观点，表面上避免了冲突，实际上却失去了表达自我的机会。

掌控松弛感，别做羊群中的羊

羊是一种很奇怪的动物，当羊群中的一只领头羊朝着某个方向前进时，其他的羊不管方向对错，也会跟随这只领头羊，盲目地朝着相同的方向前进，哪怕前方有危险也毫不在意。不只是羊如此，其他一些动物也会这样。

法国科学家让·亨利·法布尔曾经做过一个关于松毛虫的实验。他把若干只松毛虫放在一只花盆的边缘，使其首尾相接成一圈，在花盆的不远处，又撒了一些松毛虫喜欢吃的松叶，松毛虫开始一个跟一个绕着花盆一圈又一圈地爬行。这一爬就是七天七夜，饥饿劳累的松毛虫尽数死去。而可悲的是，只要其中任何一只稍微改变路线就能吃到嘴边的松叶。

这种无意识的跟随行为，不仅在动物群体中常见，在人类社会中也同样存在，心理学家将其称为"羊群效应"或"从众效应"。其是指个体在群体中缺乏独立思考，倾向于盲从大多数人的行为模式。就像羊群跟随领头羊一样，人在面对群体压力时，往往容易陷入从众的陷阱，丧失自我判断的能力，随波逐流，甚至在错误的方向上越走越远。

在日常生活中，"羊群效应"会让我们变得过于依赖外界的意见和声音，缺乏对事物的独立分析和判断力。总是跟随多数人的观点，不仅不会让我们感到放松，反而会让内心的焦虑和压力逐渐增加。

那么，如何应对"羊群效应"，避免成为随大流的羊群中的"羊"呢？

首先，面对群体意见时，要保持冷静和理性，学会思考与反思。"这个观点是否符合我自己的判断？""如果没有群体压力，我会做出什么决定？"通过这样的思考与反思，能够帮助你脱离群体的无意识跟随，更清楚自己的立场。

　　其次，不要害怕与众不同。不要因为大多数人都持有相反意见就轻易放弃自己的观点。相反，尊重自己的观点，敢于与他人不同，才是保持自我、减少从众压力的有效方式。

　　最后，如果自己也拿不准主意，那就多参考不同的意见，避免只依赖群体的声音，可以从多个渠道获取信息，综合判断。通过多角度思考，你可以更全面地看待问题，降低被群体意见左右的可能性，从而做出更合理的决策。

　　想要在群体之中掌控松弛感，就要学会独立思考，避免被"羊群效应"牵着走。只有学会倾听内心的声音，保持独立的判断力，勇敢地表达自己的想法，才能在群体中发出属于自己的声音，保持内心的松弛和自由，不再因为从众压力而失去自我。

第六章

与困难和解，自洽之中的松弛感

☺ 第一节　万事开头难，闯过这一关

在我们的人生中，很多事情一开始总是显得很困难。无论是学习新技能、开始一项新工作，还是开启自己的事业，最初的困难总是让人感到压力巨大，步履维艰。许多人在这最初的艰难时刻会觉得自己无法胜任，或是认为困难过于巨大，于是选择了放弃，最终遗憾地与成功失之交臂。然而，事实证明，看似最为艰难的时刻，往往孕育着成功的转机。

小周一直梦想着创业，觉得只有拥有自己的事业，才能实现真正的成功。于是，他和大学时的朋友小刘一起合伙，创办了一家自媒体内容创作公司。他们开始满怀激情地进行内容创作，初期虽然艰难，但他们依然坚信，只要坚持下去，成功指日可待。

然而，创业的现实并不像小周想象得那样美好。几个月过去了，粉丝量增长缓慢，收入微乎其微。团队的压力越来越大，每天除了要面对内容生产的重压，还有资金短缺和市场竞争的压力。小周逐渐感到力不从心，每天的工作效率也越来越低，焦虑和压力占据了他大部分的思考空间，他开始对自己的选择感到怀疑。

面对巨大的压力，小周心生退意，他已经没有了最初的激情，觉得还是回归之前打工的生活比较现实。最终，小周决定退出创业，重新找了一份稳定的工作。然而，小周退出后，小刘依然没有放弃。他继续调整内容策略，优化运营方式，经过几个月的努力，公司终于迎来了转机。粉丝量开始暴涨，合作和广告机会接踵而来，公司业务迅速扩展，收入也直线上升。而小周却只能看着曾经的合伙人实现了他们最初共同追求的梦想，内心充满了复杂的感慨。

无论是做大事还是小事，只要再坚持一点点，闯过这段最艰难的时光，事情就会变得顺利起来。人生中很多时候，我们需要的只是再多一分坚持，突破那个"开头难"的阶段，才能真正迎来顺风顺水的时刻。

熬过苦与难，才能收获松弛感

创业之初或做任何大事的起步阶段，往往是最辛苦、最有压力的时刻。事情进展缓慢，挫折接踵而至，似乎每前进一步都困难重重。这时，人的本能反应是逃避，认为只要退出或换个方向，压力就会消失。然而，逃避并不能解决问题。

小刘坚持不懈，熬过了最艰难的时光，最终让公司进入了顺利发展的轨道。这不是轻而易举就能做到的，而是要通过持续不断地努力和坚持才能实现。松弛感也不是一开始就有的，而是在你熬过了最艰难的阶段，才会悄然而至。

很多时候，我们觉得再也坚持不下去了，压力也已经大到令人窒息，但也许只要坚持再向前多迈出一步，困局就会豁然开朗。熬过这些苦与难，不仅是通向成功的必要过程，更是让自己获得长久松弛感的重要途径。

坚持不懈，让"飞轮"转起来

飞轮是一种巨大的机械轮盘，推动它开始转动时，需要非常大的力量。最初，每推动一次，飞轮转动的幅度非常小，几乎看不出进展。但是，随着不断地推动，飞轮开始逐渐积累动能，转动的速度越来越快，直到达到某个临界点，即使失去外力，它也能依靠自身的惯性在短时间内持续转动，而不再需要外界的推动力。

人们将这一现象总结为"飞轮效应"，并将其与成功相联系，指出成功并非一蹴而就，而是一个需要长期积累、持续努力的过程。在这个过程中，最难的阶段往往是开始的时候，事情进展缓慢、阻力重重，似乎看不到任何成效。然而，一旦你坚持下去，积累了足够的"动能"，事情便会顺利发展。

那么，如何才能更好地利用"飞轮效应"，扛过最初的困难阶段呢？

首先，要明确目标，并持续推动。推动飞轮的前提是你必须明确目标，知道自己要达成的结果。无论是创业、学习还是生活中的其他事情，都需要一个清晰的方向。明确目标之后，还要制定持续的计划，并日复一日地朝着这个目标前进。即便最初看不到明显的效果，也要相信每一个小努力都是为积累飞轮的动能做铺垫。

其次，面对挫折时，不轻易放弃。飞轮最开始转动时，会遇到很多阻力，进展非常缓慢。在这个阶段，很多人会因为看不到明显成果而气馁。然而，真正的转折点往往出现在最艰难的时刻。如果能坚持不懈地继续推动，即使在最艰难的时刻，也不要轻易放弃，最后的突破终会到来。

最后，保持节奏，享受飞轮的自然运转。一旦飞轮积累了足够的动能，事情便会开始顺畅地运转。在这个阶段，你需要保持节奏，避免急功近利。让飞轮按自己的惯性转动，同时留意保持它的速度，确保成功的持续性。

许多看似一夜之间实现的成功，其实都是经过了长期的努力和推动才达到的。只要保持不懈的努力，你的飞轮终会转动起来，成功也将随之而来。

☺ 第二节　坦然接受最坏的结果

自幼年起，我们便被灌输追求成功的观念，使得失败仿佛成了不可触碰的禁忌。人生旅途中，不少人因恐惧失败而裹足不前，既不敢探索未知，也不愿冒险尝试，甚至对心仪之事也因担忧做不到位而迟迟未敢采取行动。还有一些人，在失败后深陷其中，反复思量自己的过失，沉溺于懊悔情绪，难以继续前行。

作为一名普通的上班族，小陈平时在生活和工作上都挺顺利的。但最近，她遇到了一件让她备受打击的事情。小陈一直对烘焙充满热情，梦想着开一家属于自己的小蛋糕店。于是，她利用业余时间报了烘焙课程，甚至租了一个小工作室，开始筹备自己的蛋糕店。

然而，事情并没有像小陈想象中那样顺利。由于缺乏经验，开店初期的各种问题接踵而至：客流量不稳定，运营成本超出预算，口味也没有得到预期的好评。短短几个月时间，店铺的生意一直惨淡，账面亏损越来越大。

小陈开始感到前所未有的压力，自己投入了这么多时间和金钱，结果却不尽如人意。她开始失眠，焦虑，觉得自己完全没有能力经营蛋糕店。她迟迟不敢告诉家人和朋友，害怕别人对她的失败指指点点。

眼下，店铺资金紧张，是借钱投入继续经营，还是及时止损停业，小陈陷入了两难的境地。

很多时候，失败带来的并不是痛苦，而是恐惧——恐惧我们不够好，恐惧我们永远无法到达成功的彼岸。其实失败并不可怕，可怕的是我们对失败的抵触和回避。如果能从容面对失败的可能，内心就不会因为恐惧而紧绷不安。坦然接受失败，才能为自己赢得重新开始的机会。

接受不了失败，才是最大的失败

小陈的故事其实反映了很多人在面对失败时的普遍心态，他们往往会将失败看作是自己能力不足的证明，甚至认为失败就是对个人价值的否定。小陈因为蛋糕店经营不善而陷入了自责和焦虑中，认为自己不适合创业，害怕外界的评价。这样的心理负担远比失败本身带来的后果更沉重。

其实，失败并不可怕，真正可怕的是我们对失败的过度反应。如果我们一味地拒绝失败，陷入懊悔、自责的情绪里，无法从失败中抽身，那才是最大的失败。因为这种恐惧让我们错失了从失败中学习和成长的机会，限制了我们未来的可能性。

在生活中，很多人的情绪之所以一直紧绷、焦虑，无法真正放松，就是因为他们无法接受失败。这种对失败的抗拒让他们心中始终带着负担，总是担心自己做得不够好，害怕别人对自己进行否定评价。如果我们不肯面对失败，即使是一次小小的挫折也会成为沉重的心理负担，让我们失去松弛感，始终在自我怀疑和焦虑中挣扎。

卡瑞尔公式，帮你直面失败

威利·卡瑞尔年轻时在纽约水牛钢铁公司担任工程师。有一次，他被派往密苏里州安装瓦斯清洁，结果经过几番努力，虽然机器勉强能够运行，但远远达不到公司承诺的标准。这次项目的失利让卡瑞尔深感沮丧，他整日沉浸在烦恼之中，巨大的压力使他夜不能眠。他不断担忧会因此事失业，或是给公司带来巨额损失，这种焦虑几乎将他推向崩溃的边缘。

后来，卡瑞尔意识到，光是烦恼和焦虑解决不了任何问题，于是他决定采用一个更理性的办法——冷静面对，理性处理问题。后来他还总结了一个由三个步骤组成的"卡瑞尔公式"，专门用来应对这种情况。

"卡瑞尔公式"的第一个步骤，是找出可能发生的最坏情况；第二个步骤是让自己能够接受这个最坏情况；第三个步骤是有了能够接受最坏情况的思想准备后，就要平静地想办法去改善那种最坏的情况。

从上面的步骤可以看出，"卡瑞尔公式"的核心就是先正视最坏的可能性，再接受它，然后集中精力去寻找解决方案。这种方法不仅能让我们摆脱烦恼，冷静下来，更重要的是，它还为我们解决问题打开了新的思路。

无论是在工作上遭遇失败，还是在生活中遇到挫折，我们首先要做的是勇敢面对最糟糕的可能，并努力接受它。一旦接受了最糟糕的局面，我们的心态就会变得更为松弛，焦虑也会减少。当不再被恐惧和焦虑控制时，我们就可以冷静下来，开始专注于解决问题。把精力集中在可以改善现状的行动上，这会让我们更有机会扭转局面。

真正的松弛感来自于接受人生的不确定性，我们要承认自己并不是每件事都能做得完美无缺，也不是每一个计划都能如愿以偿。学会接受失败，我们才能轻装上阵，不再被失败的阴影束缚。

☺ 第三节　心随眼动，别总盯着坏处看

生活中有这样一些人：他们总是喜欢关注自己的缺点、别人的不足、生活中的负面信息，以及社会上的种种问题。无论是生活中的小事，还是社会上的大事，这些人总能找到让他们感到沮丧或焦虑的理由，常常把焦点放在事情的负面部分，忽视了积极的一面。久而久之，这种习惯让他们陷入消极的情绪中，仿佛眼前的世界永远都是灰暗的，事情总是会朝着不好的方向发展。

在朋友眼中，小林是个很老实的人，不太爱说话，工作能力还不错，但就是总被各种负面情绪所困扰。他常常对自己的生活感到不满，觉得自己不够优秀，工作没前途。每当公司开会讨论问题时，小林总

会觉得大家都在批评他的工作，认为自己做得不够好，结果每次开会后他都会陷入低落的情绪中。

不仅如此，小林对身边的同事也充满了抱怨。他觉得很多人工作态度不端正，或是凭关系得到晋升。每当有人分享好消息时，小林总觉得那不过是运气好，背后肯定有看不见的问题。同事的成功让他倍感自己的失败，渐渐地，他变得越来越孤僻，不愿和人交流。

他还总是在社交媒体上关注一些负面的新闻和评论，看到社会上的种种问题，就更坚定了自己的看法："世界上哪里有什么好事？都是不公不义，自己做得再好也没用。"时间一长，小林变得越来越消极，对生活充满了无力感。

这种悲观的视角不仅让小林难以获得快乐，更让他无法看到生活中积极的一面。就像是我们通过一块脏污的玻璃看世界，无论外面的阳光多么明媚，视野始终会被那些污点所遮挡，心情也会因此变得沉重。

总是盯着阴暗面，怎么能有松弛感

如果我们总是把目光放在生活中的阴暗面上，消极情绪就会像阴云一样，笼罩着我们的心。小林一味地关注自己的缺点、同事的不足和社会上的负面信息，长此以往，内心充满了焦虑和压力。这种心态不仅让他无法感受到生活中的快乐，反而让他越来越紧绷，逐渐与周围的人和事物产生了隔阂。

对小林来说，每天的工作本来可以带给他成就感，但他只看到自己的不足，总是认为自己做得不够好。同事的成功在他眼里变成了打击，周围的社会环境也仿佛充满了不公和矛盾。这样的关注点让他难以享受生活中的美好，负面情绪不断累积，心态越来越沉重，松弛感更是无从谈起。

负面思维不仅影响情绪，还会影响我们的生理和心理健康。长期处于这种消极的思维模式下，压力不断累积，人的身体和心理都无法得到放松。即便生活中并没有发生什么大问题，消极的视角也会让人始终觉得自己被困在困境中，看不到出路。而当这种压力积累到一定程度时，整个人会变得焦躁不安，心态也越来越难以放松。

心随眼动，多关注身边的美

在心理学上，"视网膜效应"指的是当我们拥有某样物品或某一特征时，会更容易注意到周围同样的事物。例如，当我们买了一辆特定品牌的车后，似乎路上这款车也突然多了起来。事实上，车的数量并没有增加，只是我们的关注点发生了变化，我们的视线更容易捕捉到与自己相关的事物。也就是说，我们看到的世界是什么样子的，往往取决于我们专注于什么。

当我们选择关注生活中的美好事物时，我们的心情会变得更加轻松愉快，生活质量也会随之提升。而如果我们总是把目光放在消极、负面的事物上，情绪自然会变得低落，生活的压力也会增大。正是这种注意力的选择，决定了我们体验生活的方式。

因此，在生活中我们要运用"视网膜效应"的这一特征，帮助自己维持好的心情，获得松弛感。具体来说，我们可以从以下几方面入手。

首先，要有意识地关注美好事物。每天有意识地去寻找和发现生活中的美好事物，无论是朋友的帮助、工作的顺利进展，还是自然界的美景。这种积极的关注能够帮助我们从中获得更多的满足感。

其次，要调整注意力，减少负面信息的摄入。我们要刻意减少对负面信息的关注，避免被那些充满负能量的内容所影响。社交媒体、新闻、工作中的负面讨论都可以适当减少，让自己保持一个更加清爽的心态。

最后，要积极培养思维转换的能力。当察觉自己陷入负面思维时，试着去寻找正面解读。例如，当你在工作中遇到挫折时，想想你从中学到了什么，或者事情的另一面可能会带来的机会。这种思维转换可以帮助你逐渐形成积极的思维习惯。

生活中有挫折，也有阳光。关键是我们是否能把目光从阴影里移开，去看到阳光照耀的地方。只有当我们开始关注那些积极的、正面的事情，内心的焦虑才会逐渐消退，松弛感才能慢慢回到我们的生活中。

☺ 第四节　松弛不是大大咧咧

很多人误解了松弛感的真正含义，认为"松弛"就是对什么都不在乎，事事都不紧张，以至于养成了"不拘小节"的习惯，甚至发展到懒散、"躺平"的状态。似乎只要放弃对生活和工作的精细要求，松弛感就会自然到来。然而，这种想法是错误的。松弛感并不意味着丢掉责任感，也不是一种对生活完全随遇而安的态度。

小王是一个自认为松弛的人，他觉得只要不让自己太紧张，工作中大大咧咧一些没什么问题。每天的工作任务，他总是尽量完成，但从不太注重细节。比如，会议上的文件没提前准备好，领导布置的任务常常拖到最后一刻，生活中的小事也是随性而为，今天忘带钥匙，明天忘记回复重要邮件。

一开始，这些小问题都没有引发太大的麻烦。小王觉得自己保持了"松弛感"，没有因为工作压力而太过焦虑。可是，随着时间的推移，这些看似不重要的小问题开始累积。有一次，因为没按时提交一份重要的报告，项目的进度被拖延，公司因此错失了一份大订单。小王虽然觉得自己只是"忘了"，但领导对他的表现很不满，同事们也都认为他工作不认真、不负责。

渐渐地，小王的"松弛感"演变成了懒散，他的随意态度让工作中的"小错"不断累积，最终演变成了"大麻烦"。

真正的松弛感是建立在对生活、工作有合理安排和自律基础上的。它是一种内心的从容与淡定，而不是懒散和对生活的漠视。那些表面看起来什么都不在乎的人，内心往往充满了焦虑。生活中很多小事看似微不足道，却可能像多米诺骨牌一样，积累到一定程度后，引发一系列更大的问题。

松弛并不是"不拘小节"

许多人认为只要不在意细节，放松对自己的要求，就可以获得松弛感，生活也会因此变得更轻松自在。但事实是，松弛并不是不管不顾，随便做事。那些看似不重要的小细节，往往会在日积月累中带来严重后果，成为生活中的"隐形压力源"。

小王认为自己可以通过对待工作随意和"大大咧咧"的做法来获得轻松的心态，但他忽视了细节和责任，导致了工作上的失误。表面上看，他是轻松了，可这种松弛是一种假象，因为他不断犯下的小错误最终累积成了大的问题，让他不得不面对严重的后果。

实际上，真正的松弛感并不是对事情不在乎，而是源自于有条不紊、做好细节工作后的心安理得。真正松弛的人不是那些对事情毫不关心的人，而是那些能够把每件事情安排妥当的人。做好了该做的事，自然不会有负担，也不会有遗留的压力，这样的松弛感才是稳定持久的。

要知道，细节决定成败，一个被忽视的小环节很可能引发连锁反应，导致不可逆转的结果。

别让"多米诺骨牌"倒下去

宋仁宗统治时期，北宋民间出现了一种名为"骨牌"的游戏，这种游戏在宋高宗时期被引入宫中，随后迅速风靡全国。当时的骨牌多由畜牧动物的牙骨制成，因此也被称为"牙牌"。

1849年，一位名叫多米诺的意大利传教士将这种骨牌带回了米兰，作为礼物送给了自己的小女儿。为了让更多的人能玩到这种游戏，多米诺开始制作木制骨牌，并发明了多种玩法。这种木制牌迅速在意大利及欧洲各地流行，成为一种高雅的娱乐活动。为了纪念多米诺对这一游戏的贡献，人们将这种骨牌游戏命名为"多米诺骨牌"。到19世纪，这项游戏已成为全球范围内知名的游戏，并在世界各地广泛传播。

"多米诺骨牌"由许多长方形的骨牌依次排序成列，只要轻轻推倒第一个骨牌，其余的骨牌会因为相互碰撞而依次倒下，形成连锁反应。在心理学中，"多米诺骨牌效应"是指一个小的行为、决策或事件，可以引发一连串后续的行为或事件，形成连锁反应。

生活中，许多事情并不是孤立发生的，通常一件小事的处理方式会影响到其他事情的发展。如果我们对某些细节不够重视，可能会触碰到"多米诺骨牌中的某一张"，最终导致所有的"多米诺骨牌"都依次倒下。

那么，我们该如何避免"多米诺骨牌效应"的负面影响，获得真正的松弛感呢?

首先,避免小问题的堆积,从注重生活和工作中的每一个小细节开始。做好每一件小事,防止它们在未来引发更大的麻烦。只有对生活中的细节有足够的掌控,才能防止"第一块骨牌"倒下。

其次,在发现小问题时,要及时采取行动,不要等到小问题累积成大问题才去处理。提前预防和及时调整是防止"多米诺骨牌效应"发生的关键。

最后,学会分清哪些是需要重点关注的事,哪些是可能引发连锁反应的"关键点"。通过合理安排时间和精力,集中精力处理那些可能带来重大影响的细节,避免因一件事的失误引发一连串的负面结果。

记住,松弛并不等于懒散,也不是对细节的忽略。相反,只有当我们对生活中每一个小细节都做到心中有数、井井有条时,内心的松弛感才会随之而来。

☺ 第五节　事情永远做不完,千万别走极端

在生活中,你是不是常常有这样的感觉:一天忙到晚,事情似乎永远做不完,刚解决了一个问题,另一个问题又接踵而至。你总想亲力亲为地把所有事情都完成,直到每件事都彻底结束才能安心。可结果是,自己从早忙到晚,没有一刻是真正放松的。这样的紧绷状态让你越来越累,内心也越来越焦虑,完全没有松弛感。

老张是工厂里的资深师傅，技术娴熟，经验丰富。厂里安排了一个年轻的徒弟小李给他带，起初老张满怀期待，打算把自己多年的经验传授给小李。然而，随着工作展开，老张发现每次让小李独立完成工作时，他总是做不好。之后，为了更好地帮助小李提高技术水平，每当小李操作时，老张总是在旁边盯着，时不时还上手帮忙，以防小李出错。

无论是安装零件还是调试机器，老张每次都跟着小李一起干活，生怕哪里出了差错。即便有时候小李操作得没问题，老张还是会感到不放心，总要亲自示范一遍，确保一切都按标准来。于是，每次本该由徒弟独立完成的任务，最终都变成了师徒二人一起干。

结果呢？小李没能真正独立完成过任何工作，技术水平也一直没长进。而老张呢，不仅一手包办了所有活儿，还累得不行，每天操心徒弟的工作，精力消耗得比自己干活时还多。

在生活中，有些人就像老张一样，他们认为如果自己不亲自把事情做到底，心里就不踏实。于是，工作上的每个细节都要过问，家里的琐事也一一操心，觉得只有这样才能确保事情万无一失。但事实是，事情永远做不完，过度关注每个细节，只会让你越来越心累，无法获得真正的松弛感。

有始有终，也要适可而止

老张总是担心徒弟做不好，所以事事亲力亲为，表面上他觉得自己在确保工作顺利进行，实际上却是过度干预，反而没有达到培养徒弟的效果。他的出发点是好的，但因为不愿意放手，徒弟始终没有机会真正独立去面对和解决问题。久而久之，徒弟的能力没有得到提升，老张自己却疲惫不堪，连带着工作的效率也没有明显提高。

这说明，追求有始有终不是问题，但关键在于如何把握一个"度"。如果我们过分在意每一个细节，事事亲力亲为到底，结果可能是累坏了自己，别人的成长机会也会被剥夺。像老张这样的做法，最终让自己承担了太多的压力，却没有获得预期的效果。

"适可而止"意味着该放手时就要放手，让别人接过一些任务。我们要明白，有些事情不必亲力亲为，信任他人，分担工作，才能让整个过程更加顺利高效。适当放手不仅可以让他人有成长的机会，自己也能从繁重的任务中获得松弛感。

别太在意"未完成"之事

20世纪20年代，苏联心理学家布卢玛·蔡格尼克进行了一项关于记忆的实验。她要求实验参与者完成22项简单的任务，比如写一首诗、按要求串珠、倒数等。每项任务需要的时间都差不多，一般只有几分钟。然而，实验中有一半的任务在未完成时被突然中断（打断的顺序是随机的）。

当实验结束时，蔡格尼克出其不意地要求参与者回忆这些任务。结果显示，未完成的任务比那些已经完成的任务更容易被回忆起来。

参与者对未完成任务的记忆率达到 68%，而已完成任务的记忆率仅为 43%。这表明，未完成的任务更容易在人的大脑中留下深刻印象，引发持续的关注和焦虑。

这个现象后来被称为"蔡格尼克效应"，它揭示了人类大脑对未完成事务具有高度的敏感性。人们往往对那些没有完成的事情念念不忘，思绪会被这些未完成的任务占据，难以彻底放松。这就是为什么我们总是容易对那些还没做完的事感到压力，甚至在休息时也不能彻底放松下来的原因。

因此，想要获得真正的松弛感，就要学会对抗"蔡格尼克效应"的方法。具体来说，我们可以按照以下方法去做。

首先，为了避免被未完成的任务牵绊，我们可以将大任务拆分成小部分。每完成一个小任务，就能产生"完成"的感觉，减轻未完成带来的焦虑，同时也能让工作进展更加顺利。

其次，并非所有的未完成任务都需要立刻解决，我们学会区分轻重缓急很重要。优先处理最重要的任务，允许一些次要的事情暂时处于未完成状态，避免堆积过多任务让自己陷入无尽的压力中。

最后，生活中总会有一些事情无法马上完成，我们学会接受这种不完美的状态很重要。未完成的状态是正常的，只要有计划和节奏地逐步完成任务，我们就可以避免被"未完成"困扰。

不要让未完成的事成为你的心理负担，学会在忙碌中寻找放松的时刻，这才是松弛感的真正来源。

☺ 第六节　成败看淡，困难不难

有这样一群人，平时表现得非常出色，做事有条不紊，准备得也很充分。然而，当真正的关键时刻到来时，他们却总是在最重要的节点上"掉链子"。明明在训练、排练中一切都很顺利，但在比赛、演讲或重大任务前，却因为压力和紧张而失常，无法发挥出应有的水平。

自毕业起，小李就在为考下职业证书努力，他平时复习时非常认真，学习计划做得十分详细，知识点也掌握得牢固。每次模拟考试中，他都能稳稳地答对大部分题目，甚至大家还经常向他请教难题。然而，真正到了考试当天，小李却一次次地在考场上发挥失常。

第一次考试时，小李因为紧张，脑袋一片空白，许多熟悉的知识点都想不起来。尽管考试前他觉得自己准备得非常充分，然而结果却是没能通过。第二次考试时，他更加努力复习，甚至花费更多时间反复做模拟题，告诉自己一定不能再出错。可到了考场上，他的手心再次冒汗，思维混乱，依旧没能正常发挥。第三次，他依然如此，紧张感一上来，平时熟练掌握的知识仿佛一瞬间消失，答题节奏完全被打乱。

考了几次，结果总是一样：小李在平时准备得很充分，但每次到了真正的考试时，他的表现就大打折扣。面对这样的结果，小李非常沮丧，觉得自己怎么练习都没有用，越是想考好，越是无法控制自己的紧张情绪，最后依然以失败告终。

很多人在面对关键时刻时都会感到特别紧张，担心自己不能做到最好。这种对结果的强烈渴望和对失败的恐惧，反而让他们无法发挥出自己平时应有的水平。越是担心失败，越是在给自己施加无形的压力，最终让原本简单的事情变得复杂。

越是在乎，就越容易失误

　　越是在乎结果，越容易在关键时刻失误。平时小李复习得很扎实，模拟考试时表现也一如既往地好，然而真正到了考场，面对正式的考试，过度的紧张和对结果的高度关注，反而让他无法正常发挥。这种现象并不仅仅是因为小李能力不足，还因为在重要时刻，他对成功与失败的担忧让自己陷入了紧张和焦虑的漩涡。

　　当一个人过度关注结果时，心理压力会迅速增大，随之而来的生理反应也会增强。小李的手心冒汗、思维混乱、头脑发空，这些都是典型的压力反应。紧张时，身体分泌的肾上腺素增加，大脑受到情绪的干扰，导致逻辑思维和记忆能力的下降。即便平时准备得再充分，也难以抵御这种来自情绪的干扰。越是希望一切顺利，越是害怕失误，反而让大脑陷入"自我干扰"的状态。

　　对成功的强烈渴望、对失败的极度恐惧，会让人过度放大自己的担忧，心理负担随之增加。这种心理负担会像一座大山压在心头，阻碍我们行动。

看淡成败，摆脱"詹森效应"

美国著名速度滑冰运动员丹·詹森在训练中的表现十分出色，曾多次打破世界纪录。外界对他寄予厚望，认为他必将在奥运赛场上一鸣惊人。然而，每到关键比赛时，詹森却总是发挥失常，无法拿出与平时训练相匹配的成绩。在 1988 年卡尔加里冬奥会上，他在失去亲姐姐的情况下带着巨大压力上场，却不幸跌倒，错失金牌。直到 1994 年的利勒哈默尔冬奥会，詹森终于战胜了自己，拿下了心心念念的奥运金牌。

心理学中的"詹森效应"便是以丹·詹森的名字命名的，它是指当人们在面对关键时刻时，由于过度关注结果和压力，反而容易失常，无法发挥出应有的水平。詹森在训练中表现出色，但在奥运赛场上，因为极度渴望胜利，加上心理上的巨大压力，导致他屡屡失误。这种效应在比赛、考试、演讲等高压情境下都很常见，人们越是在意结果，越容易被压力压垮，表现也就越差。

那么，我们该如何摆脱"詹森效应"，避免在关键时刻掉链子呢？

首先，我们要淡化结果，重视过程。过度在意成败往往会给自己增加额外的心理负担。要摆脱"詹森效应"，就要学会淡化结果，把注意力转移到当下的过程上。专注于每一个小步骤，而不是一心只想着最后的成败，这样可以有效减轻心理压力，帮助我们更加从容地面对挑战。

其次，在准备重要任务时，我们可以通过模拟压力情境来练习如何应对紧张局面。就像詹森在最终赢得金牌之前，不断通过比赛和训练来锻炼自己的心理素质，学会在关键时刻保持冷静一样。经常让自己置身于模拟的高压环境下，有助于增强心理韧性，降低真实场景中的紧张感。

最后，我们要学会在面对高压时及时调整自己的心态，通过深呼吸、正念冥想等放松技巧，让身体和心情放松下来。保持平稳的心态，可以帮助我们在紧张时刻恢复理智，避免让情绪失控影响表现。

记住，看淡成败，是获得真正松弛感的重要方法，也是通往成功的真正关键。

第六章

与困难和解，自洽之中的松弛感

第七章
放松下来，找到与你同频的人

☺ 第一节　有一种松弛，叫作温柔

在日常生活中，有些人对自己的要求并不严格，他们做事随意，遇到问题也经常降低对自己的标准，觉得"差不多就行"。然而，这样的人却往往对他人格外苛刻，总是挑剔别人，喜欢吹毛求疵。一旦他人稍有差池，就会横加指责或表达不满。这种状态不仅让周围的人感到压力巨大，也让他们自己在这种紧张的关系中感受不到松弛感。

小梅和小李是一对恋人。小梅平时对自己并没有特别高的要求，生活中遇到小问题，她往往觉得"无所谓"，能够过得去就行。比如家里有时候不那么整洁，她就会随手收拾一下，不会太计较。工作上的事情，她也是能应付就行，不会给自己太大压力。

但是，小梅在与小李相处时，却对小李提出了各种高标准、严要求。小李工作很忙，有时会因为加班而晚回家，小梅就会因为这点小事责怪他，认为他没有及时陪伴自己。吃饭时，小李偶尔忘记带她爱吃的甜点，她也会因此不满，认为小李不够用心。每当小李做事情稍有疏忽，小梅就会挑毛病，甚至因为一些小事闹情绪。

有一次，小李为他们的纪念日精心预订了晚餐，并买了小梅喜欢的花和礼物。然而，因为下班时堵车，小李晚到了一会儿，导致晚餐有些凉了。虽然小李事先做了很多准备，但小梅还是因为他晚到这件事大为不满，甚至整个晚上都在抱怨没有她期待中的完美。

小李感到很委屈，他明明已经尽力去做每一件事，却总是因为一些细枝末节而被小梅挑剔。久而久之，小李对这段关系开始感到疲惫，而小梅自己也因为对小李的各种不满，常常心情郁闷，感受不到恋爱本该带来的轻松与愉快。

在生活中，对别人严苛不仅会让周围的人感到压抑，自己也会因为总是挑剔、抱怨，使内心充满了焦虑和不安。每当别人没有达到自己的预期，就会感到失望甚至愤怒，结果不仅让自己陷入情绪的恶性循环，松弛感更是无从谈起。

律人容易，律己很难

在亲密关系或人际交往中，对他人提出高标准很容易，但真正难的是自我反省，审视自己是否也在践行这些高标准。小梅对小李要求很多，但对自己的生活和行为却不设高标准，随意应对。这种双重标准不仅让小李感到压力重重，也让小梅始终处于对他人的不满情绪中，无法获得松弛感。

人际关系的紧张，很多时候源于我们对他人的过高期待，而没有给予对方足够的理解和包容。我们总是容易看到别人的不足，指责对方的缺点，却往往忽略了自己在这段关系中所应承担的责任。律人固然简单，但真正难的是能够律己，能够学会理解他人的局限和不同。

如果我们总是站在高标准的道德制高点上去要求别人，却不反思自己的行为，不仅会破坏人际关系，还会让自己处于持续的紧张和焦虑中。长此以往，我们会发现，不仅别人很难达到我们的期望，我们自己也感受不到轻松和满足。

学会像"南风"一样温柔待人

有这样一个古老的寓言故事：一天，北风要与南风比赛，看谁能让路人主动脱下外套。比赛开始后，北风先出手，它呼啸着狂吹，想用强风把路人的外套吹掉，然而风越大，路人越是紧紧地裹住外套，不愿脱下。北风吹得实在是累了，就让南风出手，南风显得很放松，它轻轻地吹起温暖的风，结果路人觉得温暖，纷纷自愿脱掉了外套。

这个寓言故事告诉我们，温和的方式比强硬的手段更能打动人心。这就是所谓的"南风效应"，它是指通过温柔、包容和理解来影响他人，往往比用强硬、苛责的方式更有效。在人际关系中，过于强硬和挑剔反而会让别人产生抵触情绪，而用温和、鼓励的态度，则更容易赢得他人的心悦诚服和心甘情愿的配合。

那么，我们该如何通过"南风效应"来维持人际关系，获得松弛感呢？

首先，我们要宽以待人，理解他人的局限。不要总是用自己的高标准去衡量别人，学会理解每个人的差异，接受别人偶尔的不足。宽容和理解不仅能让别人感受到温暖，也能让自己减少对别人表现的过度期待，使内心得到放松。

其次，当别人犯错或表现不佳时，避免用苛责或批评的方式沟通。相反，可以尝试用鼓励、支持的方式来帮助别人进步。温柔的沟通方式能避免人际关系中的紧张，减少冲突，进而能更好地推动事情发展。

最后，我们不能控制别人的行为，放下对他人的过度控制欲望，不仅能让人际关系更加和谐，也能让自己从中获得轻松感。信任别人，允许他们按照自己的方式完成工作，能减少我们自己内心的焦虑和不满。

像南风一样，用温和而坚定的方式影响周围的人。你会发现，在解决问题上温柔的力量比强硬的手段来得更有效，它不仅能让我们赢得人心，也能让我们在生活中更加松弛自在。

☺ 第二节　远离那些不停消耗你的人

有时候,生活中的压力并非来自于工作或环境,而是来自于你身边那些"关心你"的人。他们用关切的话语告诉你还不够好,或者不经意间否定你的努力,让你怀疑自己是不是哪里做得不对。久而久之,你开始变得焦虑,甚至不敢做出独立的决定,总是想着是否能够满足对方的期望。

小婷和男朋友小伟在一起已经两年了。刚开始时,小伟对她非常关心,时常嘘寒问暖,甚至在小婷做决定时也很热心帮忙。可是随着时间的推移,小伟开始对小婷的生活和工作发表越来越多的意见,慢慢地,小婷发现无论她做出什么决定,小伟总是觉得不对,总是让她怀疑自己的判断力。

每次小婷提出想法或计划,小伟总会以"为你好"的名义指出各种问题,让小婷觉得自己考虑得不够周全。比如,小婷想换工作,小伟就说她没有足够的能力去找更好的工作;小婷打算和朋友出去玩,小伟却暗示她这些朋友并不是真心对她好。久而久之,小婷开始越来越依赖小伟的判断。

每当小婷反驳小伟的意见时,他总是说:"我这么说是因为关心你,不然你以后会吃亏。"小婷常常怀疑自己是不是不懂事,是不是没有能力做好任何事。虽然她也意识到小伟的话让她越来越自卑,但她又忍不住去相信他说的一切。小婷渐渐觉得自己各方面都做得不够好,总是让别人失望，自己也失去了对生活的信心，心情越来越沉重。

很多时候，情感操控并不容易被发现，但它会逐渐侵蚀你的自信和松弛感。你可能没意识到，正是这些身边的人，通过微妙的方式在不断消耗你，操控你的情绪，让你始终感到不安，难以真正放松。

警惕"为你好"式的情感操控

小婷的经历揭示了一种常见却隐蔽的情感操控方式——打着"为你好"的旗号，让你逐渐丧失对自己的信任，陷入自我怀疑。小伟表面上是关心小婷，总是给她"建议"，但实际上这些"建议"在不断削弱她的自信，让她依赖他，失去独立判断的能力。

这种"为你好"式的情感操控看似无害，甚至让人觉得对方是真心在关心自己，但其背后隐藏着一种不易察觉的控制欲。施加情感操控的人通常通过放大别人的不足或暗示别人不够好，来让对方依赖自己，让对方觉得离开了自己就无法做出正确的选择。

这些操控手段不仅让受害者在表面上变得更加依赖操控者，还会让他们深陷自我怀疑和否定之中，逐渐感到自己无力胜任任何事情。这种情感消耗会持续增加受害者的焦虑感，甚至让他们逐渐丧失自我认同感，无法获得真正的松弛感。在这样的关系模式中，受害者往往会因为对方的"关心"和"建议"而忽视了真正的问题所在，直到情绪资源被彻底耗尽。

找回自我，打碎那盏"煤气灯"

《煤气灯下》是一部 1944 年上映的电影，这部电影根据 1938 年的话剧《煤气灯》改编而来。在电影中，男主人公通过各种操控手段，让他的妻子逐渐开始质疑自己的记忆、判断和感知。他故意改变家里的煤气灯亮度，但当妻子提起时，他却否认这些变化，反复告诉她一切都是她的错觉，最终让妻子觉得是自己的精神出了问题。这个电影中的操控手段后来被心理学家称为"煤气灯效应"。

心理学上的"煤气灯效应"是一种心理操控行为，指的是通过长期的否认、误导和贬低，让受害者开始怀疑自己对现实的判断，逐渐丧失自信心和独立判断力。这种操控手段往往隐藏在亲密关系中，操控者通过言辞和行为让受害者觉得自己处处出错、无法信任自己的认知，最终变得完全依赖对方。

前面提到的"为你好"式的情感操控，便是"煤气灯效应"的一种表现。想要摆脱这种情感操控，除了要了解"煤气灯效应"之外，还应该采取其他的一系列措施。

首先，识别和承认自己处在被情感操控的关系中，是打破"煤气灯效应"的第一步。当你开始感觉到自己的认知和判断不断受到质疑，情绪时常处于低落和不安的状态时，就要试着反思对方是否在通过贬低、否定的方式来控制你。

其次，在反思过程中，要相信自己的直觉和判断力，不要轻易受到外界的干扰。逐步找回自己的独立性，做出属于自己的决定，才能慢慢摆脱对操控者的依赖。每当你做出一个独立的判断并且为自己感到自豪时，就是在逐步打破对方的控制。

再次，要学会为自己设立明确的界限，不允许对方通过负面的语言和行为来影响你的自我认知。如果对方试图让你怀疑自己或贬低你的行为，要果断地划清界限，不让这些言辞继续伤害你的自尊。

最后，如果自己一时做不出判断，那就与值得信任的朋友、家人或心理咨询师交流，获取他们的支持。外界的客观反馈能够帮助你看清事实，确认自己不是问题的根源。通过与支持你的人建立更健康的关系，可以帮助你逐渐摆脱情感操控的阴影。

只有打破"煤气灯效应"的控制，你才能重新找回自我，恢复对生活的掌控感。温柔而坚定地重建自信，远离那些不停消耗你的人，才能获得真正的松弛感，重新找回内心的平静。

☺ 第三节　别给对方"登门槛"的机会

你是否曾有过这样的经历：明明不愿意去做某件事，却因为不好意思拒绝，最终答应了别人的请求。你担心拒绝会让别人失望，或者破坏关系，于是只能无奈地应承下来，哪怕自己心里非常不情愿。但是，一次次地答应别人的请求，反而让你渐渐感到压力和疲惫。因为这些请求往往会变得越来越多，要求也越来越高，你开始发现自己无法掌控生活的节奏，总是被别人的需求所左右，内心无法获得真正的松弛感。

　　小张住在一个温馨的小区，平时和邻居们关系都很好。隔壁的王阿姨是个热心肠，经常跟小张打招呼，聊聊家常。有一天，王阿姨敲开了小张家的门，笑呵呵地问："小张啊，我家洗衣机坏了，你能不能帮我看看？"小张虽然不太懂维修，但碍于情面，还是答应了。虽然最后也没修好，但王阿姨还是满怀感激地道谢，小张觉得这只是举手之劳，没什么大不了的。

　　过了几天，王阿姨又来找小张："小张啊，我家的灯泡坏了，你能帮我换一下吗？"小张觉得这不过是小事，也没好意思拒绝，就又帮忙换了灯泡。慢慢地，王阿姨开始频繁地找小张帮忙，帮忙去快递柜拿快递、接送她孙子上学，甚至有一次还让小张帮她去市场买菜。

　　虽然这些事看起来都是小事，但随着时间的推移，小张感觉越来越疲惫。他每天忙完自己的工作后，还要应付王阿姨的各种琐事。他本想拒绝，但每次王阿姨都用热情的语气加上一句"麻烦你了"的话，就让他不好意思开口，结果小张的个人时间被不断占用。

　　小张的本意是想保持良好的邻里关系，但因为一次次无法拒绝的请求，反而让他心力交瘁，失去了原本的松弛感。每次应允下来的一件件事都看似微不足道，但一次次累积下来，这些"无所谓的帮忙"却给小张带来了巨大的压力。

越是不拒绝，就越难以拒绝

在生活中，起初对于别人的请求越是不拒绝，那么后续的请求也就越难拒绝。这是因为，一旦你开始答应别人的请求，对方会认为你是愿意帮忙的，而你也因为之前的答应，觉得之后再拒绝就显得不太合适了。正是这种微妙的心理让很多人陷入了被动局面——你越不拒绝，下一次拒绝就会显得更加突兀。每一次答应都在无形中加重了自身的心理负担，增加了拒绝的难度。

这种情况不仅出现在邻里关系中，在生活的各个方面都很常见。人们总是担心拒绝会破坏关系，怕对方不高兴或认为自己冷漠无情。因此，在面对请求时，选择了让步和忍耐，觉得只是小事不值得计较。然而，这种选择并不会让你变得轻松，反而会让你不断承担更多不愿意做的事情。

小张在一次次无法拒绝的情况下，逐渐感到自己被牵制，自己的时间和生活不再完全由自己掌控。最初的"举手之劳"慢慢变成了他生活中的负担，原本的邻里和睦变成了他不堪重负的原因。拒绝如果一开始没能及时表达，后来只会变得越来越难，直到你完全失去主导权，被迫卷入不愿意面对的局面中。

越是不拒绝，你的心理压力就越大，就会逐渐被负面情绪裹挟，无法真正享受松弛感。而且，面对同样的情境，你会产生更多的内心冲突，既想维持良好关系，又害怕失去自我掌控权，进而让生活变得越来越累。

勇于拒绝，不让别人"登门槛"

1966 年，美国社会心理学家弗里德曼和弗雷瑟进行了一项实验。他们随机访问了一组家庭主妇，最开始只是提出一个很小的要求——请她们在窗户上挂一个小小的招牌，几乎所有人都愉快地同意了。过了一段时间，他们再次拜访这些家庭主妇，这次提出的要求则变得更大了：将一个不仅大而且不太美观的招牌放在庭院里。让人惊讶的是，超过一半的家庭主妇也同意了这个看似更为麻烦的请求。与此同时，研究人员对另一组家庭主妇做了对比实验，直接要求她们在庭院里放置这个不美观的大招牌，结果只有不到 20% 的人同意。

这一对比实验说明，先通过小的请求获取对方的初步信任，然后逐渐增加要求，更容易让人接受较大的请求。根据这一实验，心理学家们提出了"登门槛效应"。

所谓"登门槛效应"，就是指当一个人先同意了一个小的请求后，他更有可能接受后续更大的请求。这是因为当我们同意了第一次的要求后，心理上会觉得有责任继续维持一致性，或者不想破坏已经形成的行为模式，因此我们会更倾向于答应随之而来的更高要求。

那么，在生活中我们要如何应对"登门槛效应"，避免自己陷入到无法拒绝的困境之中呢？

首先，最好的方法就是在面对初始的小请求时就学会勇敢拒绝。我们往往因为小请求看似无害，觉得答应也不会有太大影响，但事实上，这一步往往是让你逐渐卷入更复杂、更大要求的开始。因此，拒绝小请求是避免被进一步要求的关键。

其次，如果不知道什么事情该拒绝，什么事情该接受，那就提前为自己设定清晰的界限。你可以为自己设定一些"底线"，明确哪些事情你不愿意接受或承担。当别人提出要求时，你便可以快速判断是否超出了你愿意承担的范围，防止自己一步步被牵扯进更多不必要的麻烦中。

最后，很多人之所以无法拒绝，是因为觉得拒绝会让自己显得不近人情，或者担心对方会不高兴。然而，拒绝是我们保护自己的时间和精力的权利，并不意味着我们冷漠或不善良。学会拒绝后，你会发现自己内心更加轻松，减少了不必要的负担。

从一开始就不给别人"登门槛"的机会，你可以避免很多不必要的压力与麻烦。保护自己的界限，学会说"不"，不仅能让你保持人际关系的平衡，也能让你获得更多的松弛感。

☺ 第四节　找到松弛的人，就找到了松弛感

很多人之所以感到生活紧绷，内心无法获得松弛感，往往不是因为工作压力或个人问题，而是因为他们的周围充满了负面情绪。无论是家人、朋友还是同事，都可能会抱怨、愤怒、指责，或是传播焦虑和不满。这些负能量会逐渐渗透进你的生活，让你无形中也变得紧张和焦虑。

　　老李本是个乐观开朗的人,对工作充满热情,生活也井井有条。然而,近年来,老李却发现自己越来越难以保持内心的平静。他常常感到心累,连周末也无法好好放松。

　　问题出在他所处的职场环境。老李的上司总是抱怨公司制度、市场压力以及部门的业绩不佳,每天都愤愤不平,逢人便发牢骚。而他的同事们也纷纷陷入这种负面情绪的漩涡中,会议上充斥着对工作的不满和对领导的埋怨。甚至连老李下班后,偶尔与同事喝杯酒的时候,同事们也会把焦虑和抱怨带到饭桌上。大家不是抱怨加班多,就是对升职加薪感到无望。

　　最让老李难受的是,他的好朋友小刘,也是公司里的同事,已经成为了负面情绪的"放大器"。小刘每天都找老李聊天,话题永远离不开公司的"黑暗面":人际关系的复杂、领导的不公、任务的压迫。虽然一开始老李还能保持冷静,但随着时间的推移,小刘的抱怨像是无形的压力,渐渐压在老李的心上。他开始不自觉地焦虑、烦躁,对工作的兴趣大大减弱,甚至对自己的职业前景也感到失落。

　　以前,老李喜欢周末时和家人去公园散步,或者自己独自读书放松。然而,现在即便是在家,他也时常想着公司那些糟心的事,内心总是紧绷,仿佛每天都在焦虑中度过,再也找不到以前的松弛感了。

　　当你长期处在负面情绪的包围中,想要保持松弛和轻松几乎是不可能的。尽管老李本身是个积极向上的人,但他每天面对上司和同事的抱怨、焦虑，以及好朋友小刘无休止的负能量宣泄，慢慢地，他也开始感到被负面情绪压得喘不过气来。

被负能量包围，怎能放松下来

情绪是具有极强感染性的，尤其是在职场这样的环境中。当一个人不断向你传递负面情绪时，你即便再积极，也难免会受到影响。老李每天都被同事们的负能量包围，即便他不主动参与抱怨，但长期接触这些消极情绪，也会让他不自觉地陷入焦虑和疲惫中。这种情绪慢慢渗透到他的生活中，让他连在家休息时都无法彻底放松。

负面情绪不仅能影响你的心情，还会让你逐渐怀疑自己的判断和价值。老李原本对工作充满热情，但在长时间的负面情绪侵蚀下，他也开始觉得自己的努力毫无意义，对未来失去了信心。这种消极情绪逐渐让他对工作产生了倦怠感，失去了以往的动力。

此外，负面情绪的持续输入还会打乱你的生活节奏。即便是在下班或周末，老李也无法彻底脱离这些负能量。他的好朋友小刘在工作外也经常找他倾诉职场上的不满，这让老李感到自己无时无刻不在与负能量为伴，哪怕是放松的时间，也变得压抑和焦虑。他原本通过散步和读书来放松的方式也失去了效果，因为内心的焦虑无法得到真正的释放。

负面情绪就像空气中的毒素，无形中影响着你的心态和情绪，让你逐渐丧失了原本应有的松弛感。长此以往，你会发现自己也开始对

生活充满怨气，心态变得压抑和疲惫。

找到松弛的人，远离"维特的烦恼"

1774年，德国作家歌德发表了一部小说，名为《少年维特之烦恼》。小说讲述了主人公维特的悲剧爱情故事：维特因爱上了一位有夫之妇，而深陷痛苦和绝望之中无法自拔，最终选择自杀。小说出版后，在欧洲引起了巨大反响，甚至出现了许多年轻人模仿维特的行为，走上了同样的极端道路。这种自杀模仿现象后来被心理学家称为"维特效应"，用来形容自杀行为通过社会影响力的传播而引发模仿的现象。

其实，"维特效应"不仅限于自杀行为，它还揭示了负面情绪通过模仿和传播，进而影响社会中其他个体情绪的力量。当你身边的人不断散发出抱怨和不满时，即便你试图保持平静，情绪依然会被这些负面能量影响。被负能量包围，就像生活在一片阴云之下，随时都可能被焦虑、愤怒、无力感所笼罩。

那么，我们该如何摆脱"维特效应"的影响，找回内心的松弛呢？

首先，我们要主动减少与负面情绪的接触。对于那些经常传播负面情绪的人和事，适当地减少接触和互动是很有必要的。虽然可能无法完全避免，但我们可以通过限制沟通时间，或者在负面情绪出现时选择转移注意力等方式，来避免这些情绪对你的持续影响。

其次，既然负面情绪可以通过环境和人群传染，那么积极的情绪同样可以反向传递。找到那些性格平和、乐观向上的人，与他们建立更深的联系，能够帮助我们逐渐远离消极情绪的侵蚀，找到属于自己的松弛感。

最后，积极的体验有助于冲淡负面情绪的影响，因此，我们可以通过参加一些让自己感到愉悦的活动。比如旅行、学习新技能，或者简单地与朋友分享美好时光，来让自己重新感受到生活中的美好，摆脱被负能量裹挟的状态。

虽然我们无法完全控制外部环境，但通过选择与积极的人为伴、培养乐观的心态，我们可以逐渐摆脱那些烦恼的束缚，重新找回内在的松弛感。

☺ 第五节　与其咄咄逼人，不如折中应对

在生活中，当出现问题或冲突时，有些人会选择通过争吵，甚至用咄咄逼人的态度来解决问题。他们认为，通过激烈的对抗能让对方屈服，问题自然会得到解决。然而，现实情况往往是，争吵不仅没能解决问题，反而让双方的关系变得更加紧张，情绪变得更加糟糕。

老刘是个脾气火暴的人，尤其在处理邻里问题时更是直来直去。有一天，他发现楼下的邻居小赵把几盆花放在了楼道里，占用了公共区域，走路时老刘不小心撞到了花盆，差点摔倒。于是，他气冲冲地敲开了小赵家的门，态度非常不友好，直接指责小赵不应该把花盆放

在公共区域，影响他人的安全。

小赵本来想解释一下，自己是暂时放在那里的，过几天就会挪开。然而，看到老刘态度如此强硬，小赵也火冒三丈，认为老刘太咄咄逼人，根本不给他解释的机会。两人你一言我一语，越吵越激烈，最后不欢而散，老刘怒气冲冲回了家，小赵也在家里气得不行。

几天后，花盆依然摆在楼道里，问题根本没有得到解决，反而让老刘和小赵的关系变得僵化。每次碰面，老刘都皱着眉头，小赵也故意避开，双方的心情都被这次争吵弄得非常糟糕。

很多时候，激烈的对抗和争执不仅会耗费大量的精力和时间，还容易让人陷入负面的情绪循环之中。不但问题没有解决，反而带来了更多的怒气与挫败感，最终导致内心无法松弛下来。

争吵解决不了问题，只会让情绪变糟糕

争吵不是解决问题的最佳途径，反而会让双方的情绪变得更糟糕。老刘以为通过咄咄逼人的方式可以让小赵退让，从而解决花盆占用公共空间的问题，但最终，他的强硬态度不仅没能达成目的，反而激化了矛盾，让双方陷入了更深的敌意和不满之中。

当人们在情绪激动时，往往会陷入一种"非理性"的状态，专注于争论谁对谁错，而忘记了问题的真正核心。争吵会让双方陷入情绪的漩涡，不仅没有推动问题的解决，还使得理性沟通变得几乎不可能。

正如老刘的例子，他的怒气和强硬态度让小赵无法心平气和地与他沟通，最终双方各自带着不满和愤怒离开，原本并不复杂的问题因此被搁置了下来。

争吵的另一个问题在于，它容易演变成情感上的较量，而不再是针对具体问题的讨论。人们在争吵中通常不会真正倾听对方的意见，反而会想方设法为自己辩护，甚至不断强化自己的立场。这种对抗性思维只会让问题变得更加复杂，最终导致沟通完全失败。

所以说，在处理人际冲突时，争吵根本解决不了问题，只会增加彼此的敌意，恶化情绪。情绪的激化会进一步削弱理性，使得双方都无法冷静地找到真正有效的解决方案。

折中处理，不要把"屋子"拆了

1975 年，心理学家查尔迪尼等人进行了一项实验，他们首先向大学生提出了一个要求：让他们担任两年时间的少年管教所义务辅导员。这是一项耗时费力的任务，几乎所有参与实验的大学生都拒绝了。随后，他们又提出了一个相对较小的要求：让大学生带领少年们去动物园玩一次，结果有 50% 的人答应了。相比之下，当他们直接提出让这些大学生带少年们去动物园的请求时，只有 16.7% 的人同意。

通过这一实验，查尔迪尼等人发现，当人们拒绝了一个大要求后，出于维护自己乐于助人的形象，往往会接受后续较小的请求。这种现象不仅体现了人们在心理上对面子的重视，还揭示了一个关键点：通过逐步降低要求，实际上可以提高他人顺从的可能性。

关于这一现象，鲁迅先生在他的文章中也提到过。在他看来，中国人的性情总是喜欢调和、折中的，譬如你说，这屋子太暗，说在这里开一个天窗，大家一定是不允许的。但如果你先主张拆掉屋顶，他们就会来调和，愿意开天窗了。

鲁迅先生的这段描述，生动地解释了心理学中的"拆屋效应"（也称"留面子效应"）。这一效应指出，人们在面对一个过大的要求时，多倾向于拒绝。但当后续提出一个较小的要求时，人们便会觉得这是一种妥协或者折中，多容易接受。这不仅保留了对方的面子，也让对方更容易产生合作的意愿。

在处理人际冲突时，过于强硬和坚持己见反而可能让对方产生抗拒心理。灵活应对，给予对方一些回旋的余地，往往能带来更好的结果。这种"先大后小"的策略便可以帮助人们巧妙地解决生活中遇到的一些问题与冲突，而不是通过直接的对抗或者咄咄逼人的方式来达成目的。

比如，在解决问题或冲突时，先不急于提出你最想要的结果，而是先提出一个稍微过分的要求。这个要求很可能会被拒绝，但不要因此感到沮丧，因为这为你后续的"退让"做了铺垫。当你接着提出一个较小的请求时，对方会更容易接受，因为他们会觉得这是一个合理的妥协。

折中处理，既能让我们保持自己的立场，又能让对方感到被尊重，从而达成双赢的结果。这种解决问题的方式，不仅有效，也能让我们在面对冲突时保持内心的松弛感。

不过需要注意的是，无论是提出大要求还是小要求，都要考虑对方的感受和心理。给予对方一定的面子和尊重，他们会更愿意与我们合作。这不仅是礼貌的表现，也是有效解决问题的关键。